초능력과 영능력개발법

①

모도야마 히로시 저
안동민 편저

서음미디어

머 리 말

　　당신은 지금까지 언젠가 한번은 영능력(靈能力)이란 말을 분명 들었을 것으로 생각한다. 영능력은 죽은 사람의 영혼을 다시 불러 온다든가, 인간의 몸을 공중에 떠오르게 한다든가, 손을 만졌을 뿐인데도 고통을 덜어준다든가, 병을 고치는 힘을 뜻하는 말이다.
　　여러분은 그 힘을 무엇인가 정체불명인 것, 평소에 우리들이 살고 있는 세계와 차원이 틀리는 것으로 생각하고 있는 듯하다.
　　그러나 영능력이란, 누구나 할것없이 잠재적으로 갖고 있는 것이며, 그 불가사의한 힘이 나타나는 메카니즘도 어느 정도는 알려져 있기도 하다. 이를테면 당신은 다음과 같은 체험을 한 일이 있을 것이다.
　　"어떤 사람 생각을 마음 속에 떠올린 바로 뒤에 그 사람과 우연히 만났다."
　　"처음 가 본 곳이었는데, 오랜 옛날에 와 본 적이 있는 것 같아 마음이 즐거웠다."
　　"꿈 속에서 본 일이 실제로 눈 앞에서 일어났다."
　　"아침부터 이상하게 불길한 생각이 들었는데, 부모에게 불행이 닥친 연락이 있거나 자기 자신이 뜻밖의 사고를 당했다."
　　"사람과 이야기하고 있는 도중에 갑자기 상대편 마음을 훤하게 읽을 수 있었다."

──── 이와 같은 경험을 한번이라도 겪은 사람은 매우 초보적인 차원(次元)이기는 하나, 인간의 몸에 숨겨져 있는 초감각적인 능력, 즉 영능력을 약간 발휘한 것이라고 생각해 주기 바란다.

그러나 만일 이런 숨겨진 영능력을 좀더 활용할 수 있게 된다면 당신에게는 놀랄만한 힘이 갖추어진 것이 되는 것이다.

몇 개월 앞에 일어날 일들을 예언할 수 있다던가, 몇 백 킬로 떨어진 먼 곳에서 일어나고 있는 일들을 투시할 수 있다면 얼마나 멋진 일이겠는가? 이 세상에서 모르는 일은 없어지게 되기 때문이다. 당신은 사실상 그런 힘을 몸에 지닐 수 있으나 갑자기 믿을 수 없는 것도 무리가 아니다.

그 옛날, 지금과 같이 물질문명이 발달하지 않았던 시대의 사람들은 영능력의 존재를 소박하게만 믿어 왔었다.

이를테면 예수가 물 위를 걸었다든가, 어려운 병을 고쳤다든가, 자기 자신의 죽음을 예언한 사실들이 성경에 기록되어 있다. 또한 같은 무렵, 중국에서는 점술사들이 나라의 정변(政變)을 알아 맞추었다는 사실 등도 역사 책 속에 쓰여져 있다. 그 이외에도 그 무렵에는 보통 사람들도 간단한 예지(豫知)나 투시력 정도는 가능한 사람이 있었다.

그런데 물질 문명의 발달과 과학 기술의 진보는 인간이 본래 갖고 있는 영능력을 불필요한 것으로 생각하게 하였다. 그때문에 사람들은 일찌기 영능력이 분명한 형태로 존재했었다는 사실도, 자기 자신이 그런 힘을 몸에 지니고 있다는 것까지도 잊으려하고 있다.

그 결과, 우리들은 영능력을 잃을 뿐만 아니라, 동시에 인간이 본래 갖고 있는 올바른 마음 가짐도 잊어버리려 하고 있는 것이다.

인간은 상대편의 마음을 읽을 수가 없게 되었으므로 의심과 불신풍조가 만연되고 떨어져 있는 사람이 지금 무엇을 하고 있는지 모르기 때문에 정신적으로 혼미와 고민을 갖게 되었다.

이것은 불행한 일이 아닐 수 없다. 그러나 우리들은 이 잊어가고 있는 영능력을 되찾아, 또다시 인간으로서의 올바른 생활을 영위할 수가 있는 것이다. 미혹(迷惑)한, 마음이 사라지면 행복이 찾아 올 수 있기 때문이다.

이 책에서는 잠자고 있는 영능력을 불어 일으켜서 그것을 자기 것으로 만드는 방법을 쉽게 설명했다. 이것을 실행한다면 누구나 어느 정도는 영능력을 회복할 수 있게 된다. 그러나 영능력이란 어디까지나 인간의 정신적 고민을 해소하고 정신을 보다 높은 차원(次元)으로 끌어 올리기 위해 필요한 것이다.

즉, 영능력을 얻는 것이 최후 목적이 되어서는 아니되며, 영능력을 올바르게 활용함으로써 자기의 정신을 보다 높은 차원으로 끌어 올리는 것이 목적이어야 된다.

사람에 따라서는, 예지 능력을 이용하여 놀음판에서 큰 돈을 따야겠다든가, 상대의 마음을 잘 읽어서 멋지게 이용하려는 경향이 있다. 그러나 그러한 사람들에게는 참다운 영능력이 생기지 않을 뿐만 아니라, 오히려 정신이 이상해지거나 몸의 건강이 나빠질 가능성이 많다는 것을 명심해 주기 바란다.

또한 어떤 간단한 일도 완전히 졸업하려면 수십 번 반복할 필요가 있음을 알아야 한다. 끈기 있게 훈련을 연마하여 당신의 영능력을 꽃피워 주기를 바란다.

1991년 11월

本山 博

초능력과 영능력 ① 차례

머리말 ──────────────── 11

제 1 장 영능력은 누구나 갖고 있다

1. 이런 체험이 영능력이다 ──────── 17
2. 이것이 영능력의 실태이다 ──────── 25
3. 미래예지는 누구나 경험하고 있다 ──── 30
4. 영능력으로 전생을 알 수가 있다 ───── 39
5. 영장이 뜻하는 것은 무엇인가? ────── 45
6. 전생의 기억은 어디에 간직되어 있는가? ── 52
7. 염력현상은 어떤 형태로 나타나는가? ──── 58

제 2 장 영능력은 왜 나타나는가?

1. 어떤 때 영능력이 나타나는가? ────── 71
2. 영능력은 생활양식에서 달라진다 ───── 77
3. 영능력은 이렇게 발휘된다 ──────── 82
4. 공중에 떠오르고 전생도 볼 수 있다 ──── 88
5. 투시·염력·영청이 가능하다 ─────── 92
6. 온갖 영능력을 갖추게 되면 어떻게 되는가? ── 98

제 3 장 영능력은 이렇게 개발한다

    1. 잠자고 있는 영능력을 눈뜨게 하라 ─── 107
    2. 우주 에너지를 몸에 끌어들인다 ─── 113

제 4 장 영능력을 터득하는 방법

    1. 호흡으로 기(氣)에너지를 흡수한다 ─── 147
    2. 영능력을 개발하기 위한 좌법 ─── 152
    3. 에너지를 흡수하는 호흡법 ─── 159
    4. 어떻게 에너지를 순환시키는가? ─── 175
    5. 상반신에 에너지를 돌게 하는 법 ─── 179
    6. 온몸에 에너지를 돌게 하는 방법 ─── 182

제 5 장 영능력은 챠쿠라로 눈뜬다

    1. 이런 영능력 개발법은 위험하다 ─── 187
    2. 정신 집중을 하면 이차원에 눈뜬다 ─── 190
    3. 정신 집중을 위한 환경만들기 ─── 194
    4. 어려운 챠쿠라로부터 눈뜨게 한다 ─── 198
    5. 미간에 있는 챠쿠라를 눈뜨게 한다 ─── 200
    6. 미저골에 있는 챠쿠라를 눈뜨게 한다 ─── 204
    7. 하복부에 있는 챠쿠라를 눈뜨게 한다 ─── 207
    8. 복부에 있는 챠쿠라를 눈뜨게 한다 ─── 210

9. 심장에 있는 챠쿠라를 눈뜨게 한다 ─────── 218
10. 목에 있는 챠쿠라를 눈뜨게 한다 ─────── 222
11. 머리 꼭대기에 있는 챠쿠라를 눈뜨게 한다 ─── 226
12. 영능력은 이렇게 써야만 한다 ─────── 230

종　장　내가 발견한 영능력 개발법

1. 〈제3의 눈〉을 개발하여 구피질의 기능을
　강화한다 ──────────────── 235
2. 〈제3의 눈〉이란 무엇인가? ─────── 242
3. 영능력과 초능력을 증폭시켜 주는 기구
이야기 ──────────────── 252

● 히란야 보고서 ──────────── 254
'옴 진동'의 비밀 ─────────── 272
육체와 상념을 맑게 해주는 '옴 진동수'의 원리 ── 280
'옴 진동수' 장기복용에 의해 육체와 유체
·영체·상념체의 정화를 꾀함과 동시에 의식
혁명이 가능하다 ─────────── 287

편저자의 말 ──────────── 293

제1부
영능력은 누구나 갖고 있다

1. 이런 체험이 영능력이다

영능력이란 무엇인가?

　영능력이란 무엇을 말하는 것일까? 사람들은 영능력에 대해 막연하게 알고 있는 것 같이 생각을 하고 있지만 사실은 거의 모르고 있다.
　어떤 사람은 예수와 같은 초인(超人)만이 갖고 있는 것이 초능력(超能力)이며, 기적을 불러 일으키는 힘을 말하는 것이라고 생각하고 있다. 또 어떤 사람들은 엑소시스트(무당)나 귀신에 홀린 삶을 연상하고 무시무시한, 마치 악마의 힘이나 주술(呪術) 따위라고 생각하고 있는지도 모른다.
　확실히 그와 같이 작용하는 힘도 영능력의 일종인 것은 분명하지만 영능력의 본질은 그와 같은 기적을 일으키는 힘이나 마력과는 별개의 것이다.
　영능력이란 어떤 것인가. 그것은 결코 신이나 악마만이 행할 수 있는 인간의 능력을 뛰어넘는 힘을 말하는 것이 아니다. 오히려 어느 누구도 모르게 경험을 하고 있으면서도 그것이 영능력의 현시(顯示)임을 느끼지 못하는 상태일 뿐이다.
　다시 말해서, 사람은 누구나 영능력을 가질 수 있는 것이며, 자기도 모르게 영능력을 활용하는 경우가 있는 것이다.
　그럼, 구체적으로 영능력은 어떤 모습을 갖고 나타나는지 나 자신의 체험을 통해 서술하기로 한다.

영의 세계에 눈을 뜨다

나는 국민학교 5학년 때 부터 어머니와 떨어져서 살고 있었는데, 분명 15, 16세경 다까마스시(高松市)의 사범학교에 다니던 때의 일이었다고 생각된다.

이 학교의 체조 선생은 전에 올림픽의 높이뛰기 선수였었기 때문에 하여튼 무엇을 뛰어넘는 것을 매우 좋아해 체조시간만 되면 우리들에게 늘 높은 상자 뛰어넘기 등을 시키곤 했었다.

어느 날, 머리 높이 정도가 되는 높은 상자를 뛰어넘다가 실패하여 나는 오른 쪽 무릎이 상자 모퉁이에 크게 상했다. 내출혈로 오른 쪽 무릎은 파랗게 멍이 들었다. 아파서 서는 것도 걷는 것도 힘이들 지경이었다. 어쨌든 굉장히 아팠다. 너무나 심한 아픔 때문에 나는 한동안 학교를 쉬어야만 했다. 그 무렵, 나의 어머니는 동경에 계셨는데 어느 날 밤, 어머니로 부터 전화가 걸려 왔다. 내가 어머니의 꿈속에 나타나서 '아파요, 아파!'하고 호소를 하더라고 하셨다.

나의 어머니는 종교인이며, 또한 영능력자이기도 했으니까 이것은 지극히 당연한 일이었을지도 모른다. 그러나 세상 어머니들이 자기 자식의 몸에 일어난 사건을 재빨리 알게 된다는 것은 흔히 듣는 이야기이다. 이것은 영(靈)의 차원인 것이다.

욕을 하고 있는 상대편이 다른 곳에 있었을 터인데 갑자기 그곳에 나타난다. 막연하게 그 친구 생각을 했었는데, 그로부터 갑자기 전화가 걸려 온다. 또는 다른 사람이 무슨 말을 하려고 하는 순간, 그 사람이 무슨 말을 하려는지를 순간에 알게 된다.

어머니가 자기 자식에게 일어난 돌발 사건을 재빨리 알게 되는 것을 대개는 우연의 일치라고 생각을 하게 되어 대부분 주의하지 않는 경우가 많다.

물론 자기 의지에 의한 것이 아니고, 어쩌다가 일어난 현상이니까 우연이라고 하면 우연이라고 할 수도 있겠지만, 이런 현상은 모두가 감각기관을 쓰지 않고, 타인의 뜻이나 생각을 영의 차원에서 읽을 수 있는 힘, 즉 영능력의 하나인 테레파시 현상인 것이다.

어째서 이런 현상이 일어나는 것일까? 이와 같은 이상한 현상은, 인간이 갖고 있는 시각이나 청각 즉, 감각적인 기관의 작용만 갖고서는 도저히 설명을 할 수 없는 것이다.

그러기에 보통은 '제6감'이나 '느낌(感)'이라는 말로 표현이 되고 이해를 하고 있는 것이다. 그러나 같은 설명만으로는 육체적인 감각기관과 관련되는 작용의 연장으로 밖에 이해할 수가 없다. 그러나 그것은 잘못된 판단이다.

결론을 말한다면, 인간에게는 육체적인 기관의 차원을 넘어선 또 다른 차원이 존재하고 있고, 그것이 바로 영의 세계이다. 이 영의 세계가 존재함을 알게 됨으로서만 초감각적인 능력, 즉 영능력을 얻을 수가 있는 것이며, 영능력을 자유스럽게 활용함으로써 사람은 보통 인간의 능력을 초월하는 존재가 될 수 있는 것이다.

이런 현상이 영능력이다

인간은 본래 영적인 존재인 것이다. 다만 물리적 차원인 물질로서의 육체나, 육체와 결합하여서만 작용하는 정신작용(의식과 무의식) 뿐만 아니라, 깊은 곳에 좀 더 차원 높은 영적인 존재가 있음을 알아야 한다.

다시 말해서, 인간이란 물리적인 차원에 속하는 육체와 마음, 그리고 보다 고차원에 속하는 영적인 존재나 영체(靈體)로 구성된 중첩된 존재인 것이다. 어떤 인간도 이 점에서는 예외가 없다. 아니, 그렇지는 않다고 말하는 사람은 육체의 감각과 그것에 연결되어 움직이는 의식에만 사로잡혀 있기 때문에 그러한 높은 차원의 영적인 존재가 있다는 것을 스스로 모르고 있을 뿐이다.

따라서 어떤 사람도 영적인 존재를 지니고 있는 이상, 누구에게나 영능력(靈能力)은 준비되어 있는 것이다. 자기 자신이 영적인 존재라는 것을 모르고 있는 것과 마찬가지로 일상생활 속에서 이따금 나타났다가 사라지는 영능력을 모르고 있는 것이다.

이를테면 호랑이 제 말하면 나타난다는 속담이 있다. 이상하게도 어떤 사람의 흉을 보고 있을 때, 오지 않으리라고 생각했던 본인이 돌연 나타나서 거북한 느낌을 갖게 되는 일 따위는 우리가 흔히 경험하는 일이다.

또는 멍하니 드러누워서 한동안 만나보지 않은 친구를 생각하고 있었더니 당사자로 부터 전화가 걸려 오는 일이 있다. 이야기를 나누다 보니, 왜 그런지 상대방에서도 갑자기 당신 생각이 나서 전화를 걸고 싶어졌다고 한다.

이런 예는 무수하게 많다. 사이가 좋은 친구가 나란이 걷고 있는데, 그가 무엇인가 말을 걸어 온다.

말이 분명히 들렸던 것과 같은 느낌이 든다. 대답을 하려고 그를 보니까,

"여보 커피라도 한잔 마실까?"

하고 말한다. 당신이 방금 전에 들은 것 같은 느낌의 말을 해서

놀라게 된다. 아니면,
"똑같은 말을 두번씩이나 말하는 이상한 친구로군.'
하고 고개를 갸웃둥한다.
　또는 이런 일도 있다. 자기와 가까운 사람, 이를테면 부모라든가, 형제라든가에 대하여 이상하게 신경이 쓰여서 전화를 걸어 보았더니, 역시 뜻하지 않은 사고를 당했다든가, 병을 앓고 있다는 이야기를 듣게 된다.
　그렇게 자주 일어나는 일은 아니지만, 사람에 따라서는 눈 앞에 있을 까닭이 없는 것이 문득 머릿속에 떠올랐다가 사라지는 경우가 있다.
　이것도 앞서의 경우와 마찬가지로, 멍하니 넋을 잃고 있을 때 일어나기 쉬운 현상인데, 떠오른 영상(映像)은 눈 깜작할 사이에 떠올랐을 뿐 그 뜻도 알게 되기 전에 사라져 버리는 경우가 많다.
　그것은 사람의 움직임일 수도 있고, 어떤 사건일 수도 있으며, 보이는 것은 여러 종류이지만 만일, 당신에게 이런 현상(現象)을 경험한 일이 있다면, 당신은 멀리 떨어진 곳에 있는 사람들의 움직임이나 일어난 사건들을 눈을 쓰지 않고 한 순간만 볼 수가 있었던 것인지도 모른다.

투시로 보석을 찾았다

　눈을 쓰지 않고, 멀리 있는 것이라든가 먼 곳에서 일어난 일을 알아낼 수 있는 능력을 투시(천리안)라고 말하는데 그것에는 이런 예가 있다.
　오랜동안 수행을 쌓은 어떤 영능력자에게 잘 차린 어떤 부인이 찾아온 일이 있었다. 부인은 분실한 에메랄드가 박힌 목걸이를 찾고 있노라고 했다. 결혼 기념으로 남편이 선물한 소중한 물건인 데다가 굉장히 값비싼 것이라고 했다. 옷장 속의 보석상자 안에 넣어 두었었는데 며칠 전에 없어졌다는 이야기였다.

2, 3일 전에 그만두고 고향으로 돌아 간 식모가 있는데 어쩌면 그녀의 짓인지도 모르겠고, 아니면 좀도둑의 소행인지도 모른다. 어쨌든 당신의 힘으로 어디 있는지 가르쳐 줄 수 없겠느냐는 이야기였다.

누구나 가끔 눈 앞에 없는 것이 보이는 경우가 있으나, 그것은 한순간 뿐이고, 더욱이 자기의 뜻으로 그것을 할 수 있는 사람은 우선 없다고 보아야 한다. 그러나 수행을 쌓아서 영능력을 조절할 수 있는 영능력자에게 있어서는 그런 것은 그다지 어려운 일이 아니다.

그 영능력자는 곧 신전(神前)에 앉아서 정신을 집중시켜서 2킬로 정도 떨어져 있다고 하는 그 부인의 집을 투시했다. 그러자 집 안에 있는 옷장이 보였다. 모습으로 보니까 아무래도 아이들 방인 것 같았다. 아이 방에 놓여진 옷장 서랍 속에 부인이 설명한 것과 똑같은 목걸이가 들어 있는 것이 보였다.

영능력자는 자기 눈에 보인 그대로를 부인에게 설명했으나, 부인은 몹시 화를 냈다. 자기의 아이가 그런 도적질을 할 까닭이 없다는 것이었다.

잘못 본것이 아니냐고 대단한 기세였다.

"잘못 본 것인지 아닌지는 나도 모르겠어요. 당신의 아이가 도적놈 흉내를 냈다는 이야기는 아니에요. 어쨌든 나에게는 아이 방에 놓여 있는 옷장 서랍 속에 에메랄드 목걸이가 들어 있는게 보였을 뿐입니다."

영능력자는 그렇게 말하고 마구 화를 내고 있는 부인을 돌아가게 했다. 부인이 돌아간 뒤, 30분쯤 지나서 전화가 걸려 왔다. 아이의 옷장 속을 샅샅이 뒤져 보았으나 아무것도 나오지 않았다. 역시 당신은 잘못 본 것이다 하고 앞서 보다도 더욱 화를 내는 것이었다.

그후 이틀 뒤에 또다시 같은 부인에게서 전화가 걸려 왔다. 만일의 경우를 생각해서 다시 한번 아이 방을 조사해 보았더니 당신이 말한 그대로 서랍 속에서 목걸이가 발견됐는데, 정말 무례한 이야기를 해서 죄송하다고 사과를 하는 것이었다.

이 경우, 만일 찾는 쪽에 실수가 없었다면 맨 처음 찾았을 때는 실제로 목걸이는 그곳에 없었던 것인지도 모른다.

그것이 이틀 뒤에 나왔다고 하니까, 단순한 투시가 아니고, 그 부인의 아이가 목걸이를 그곳에 숨겨 놓을 것이라는 것을 알아낸 것, 곧 예지(豫知)의 능력도 함께 작용된 것이라고 할 수 있다.

영능력의 존재를 실증시킨 어떤 수사

어쨌든, 이런 투시 능력을 실제로 활용해서 세상에 도움이 되고 있는 영능력자들은 상당히 많다.

이를테면, 5, 6년 전 일본에 와서 그 투시력을 실제로 공개한 일이 있는 네덜란드 출신의 크로와젯트씨의 경우가 좋은 예라 할 수 있다.

자기 나라인 네덜란드에서 뿐만 아니라 때로는 미국 같은 곳에도 초대되어 어려운 사건을 맡은 수사관에게 도움을 주어 미궁에 빠진 사건을 잘 해결한 예가 많다고 한다.

이를테면 '시체가 없는 살인 사건'이 그 좋은 예라 할 수 있다. 설사 범인이 발견되고 증거가 있어도, 중요한 시체가 없다면 살인 사건은 성립이 되지 않기 마련이다. 이런 경우 시체를 숨겨 놓은 장소를 투시하여 지적했다고 한다.

일본에 왔을 때 그가 시도한 것은 며칠째 행방불명이 되어 있는 어린 아이를 찾아내는 일이었다. 물론 가족들을 비롯하여 경찰과 소방관원들이 총동원 되어 수사를 하고 있었는데, 그가 활동을 시작한 당시는 그 단서 조차 잡을 수가 없었다.

그 경과에 대해서는 자세한 이야기를 생략하거니와 크로와젯트가 지적한 그대로 자택에서 몇 킬로 떨어진 땜이 있는 호수 기슭에서 물에 빠져 죽은 어린애가 발견되었다. 그 경과는 처음부터 끝까지 TV에서 방영이 되었기 때문에 기억하는 분이 많으리라 생각한다.

2. 이것이 영능력의 실태이다

영능력은 둘로 나눌 수 있다

그럼 이제부터 영능력이란 무엇인지, 어떤 능력을 가리켜 영능력이라고 부르는지에 대하여 설명하기로 한다.

영능력을 한마디로 표현하면, 육체의 감각기관을 이용하지 않고 현실 세계에서 일어나는 일, 또는 일어날 일들을 알아내든가, 영계(靈界)에 대해서 아는 능력, 또는 손과 발과 도구를 쓰지 않고 직접, 물건이나 사람의 몸에 변화를 일으키게 하는 능력을 총체적으로 말하는 것이라고 생각하면 된다. 즉, 영능력은 그 내용에 의해 두 종류로 나눌 수가 있다.

하나는 영적인 인지 능력(認知能力) —— 이것을 보통 ESP (감각이외의 인식능력)라고 부른다. 이를테면, 사람의 마음을 눈이나 귀 등을 사용하지 않고 알 수 있는 힘은 '테레파시'로 알려져 있다. 눈으로 볼 수 없는 멀리 있는 것이라든가, 땅속이나 물속 깊숙이 숨겨져 있는 것을 볼 수 있는 능력을 투시라고 한다.

이제부터 앞으로 일어날 일들을 미리 아는 힘은 예지, 전생(前生)을 알아내는 힘은 과거인지(過去認知), 수호령이나 영계의 영을 아는 힘을 영감력(靈感力)이라고 불리워지고 있는데 모두가 이 분류에 속하는 영능력이다.

이 밖에 영능력자에게만 일어나는 현상으로서 영언현상(靈言現象), 자동서기(自動書記), 후우치(扶占)등이 있다.

염사로찍은 '太乙金華宗旨의 저자 呂祖師'

신령(神靈)이 영능력자의 몸을 빌려서 이야기를 하는 것을 영언 현상, 글씨나 그림 등을 그리는 것을 자동서기라고 한다. 후우치(扶占)도 자동서기의 일종인데 특히 중국에서는 수천년 전부터 전해 내려오고 있고, 주로 도교(道敎)의 신(神)들이 도사(道士)의 손을 빌려서 행하는 자동서기를 말한다.

후우치에 의하여 쓰여진 것은 심층 심리학(深層心理學)의 창시자인 융그 박사를 동양 정신에 큰 관심을 갖게 만들었다는 태을금화종지(太乙金華宗旨)의 가르침이다.

실제로 붓을 들어서 쓴 것은 지금 중국에 살고 있는 어느 도사이지만, 쓰게 만든 것은 이보다 천 수백년 전에 살아있었던 로조사(呂祖師)였다. 구전(口傳)에 의하여 전해 내려오는 로조사 시대가 지남에 따라서 잘못 전해져 가는 것을 걱정하여 올바른 가르침을 기록하게 한 것이라고 전해지고 있다.

영능력의 또 하나는 영적이며, 물리적인 능력이다. 이른바 염력(念力)이라고 하는데, 이것은 PK(싸이코·키네시스)라고 불리우고 있다.

이를테면 약이나 외과 수술과 같은 방법을 쓰지 않고 질병을 고치는 심령치료나 심령수술이 있다. 10년 쯤 전에, 초능력 붐을 일으킨 스푼의 손잡이를 손가락으로 만져서 구부리게 하는 힘도 바로 이에 속한다. 손이나 발이나 그 밖의 아무런 도구도 쓰지 않고 어떤 물체를 다른 곳으로 옮기는 힘이나 영혼을 물질화 시켜서 사진으로 찍을 수 있는 상태로 만드는 능력 같은 것도 염력(念力)의 일종이다.

그러나 염력은 좋은 면만이 있는 것은 아니다. 심령 치료를 할 수 있는 한편, 사람을 질병에 걸리게 하는 능력도 이 종류에 속함을 알아야 한다.

영능력과 초능력은 어떻게 다른가?

또한 영능력이 지닌 또 하나의 특징을 말한다면, 그것은 초능력과 달라서 종교적인 색채가 강하다는 점이다. 즉, 초능력 쪽은 영과의 교류없이 수행 등에 의하여 스스로 체득한 초상적 능력이며, 영과의 교섭을 꼭 생각할 필요는 없으나, 영능력이란 영계의 영과의 관련을 갖게 됨으로써 나타나는 초능력이라고 할 수가 있다. 그러나 초능력은 모두가, 인간 존재의 영적 차원에 속하는 능력이다. 이런 뜻에서 초능력은 모두 영능력이라고 할 수 있다고 본다.

영능력의 개발이란, 인간이 영적으로 진화되는 정도에 따라서 향상해 가는 것이지만, 그렇다고 해서 종교적인 수행을 쌓지 않으면 얻어지지 않는 것은 아니다.

태어 날 때부터 영능력을 갖고 있는 사람도 있다. 또한 태어났을 때는 없었어도, 도중에 어떤 인연으로 해서 자연히 생겨나는 경우도 가끔 있다.

이를테면 나무 위나 사다리에서 떨어진 것이 원인이 되어서 영을 보거나 영혼과 이야기를 나눌 수 있게 되었다든가, 또는 텔레파시나 투시를 할 수 있게 되었다든가, 벼락을 맞은 바로 뒤에 영시(靈視)를 할 수 있게 되고, 영의 지시에 의하여 예지능력이 나타나게 된 사람에 관한 이야기를 독자 여러분도 들어본 일이 있으리라고 생각한다.

그러나 선천적으로 영능력을 지니고 있거나, 자연발생적으로 생긴 경우도 본인이 그런 사실을 자각하기가 어렵고, 더구나 스스로의 컨트롤에 의해 자유자재로 그 힘을 발휘하기란 불가능하다.

나 자신은 영능력이라고 하는 것을 본래, 다른 사람들을 위해서라든가 만물의 조화를 위해서 도움을 주어야 하는 것이라고 생각하고 있다. 그러기 위해서는 우선 영능력자는 자기 자신의 마음을 스스로 조절할 수 있는 사람이어야 한다. 그리고 자기의 영능력을 어떻게 쓸 것인가를 자기 의지로 조절할 수 있지 않으면 안된다. 컨트롤 할 수 없는 영능력이란, 핸들(운전대)이 없는 자동차와 같아서 힘이 크면 클수록 위험한 가능성이 많기 때문이다.

이를테면 타고난 영능력자가 자기 스스로 자각할 수 없는 상태에서 남을 미워하거나 원망하든가 하면, 그 증오와 원망의 대상이 된 사람이 병을 얻거나 부상을 당하는 경우도 있다.

자기 자신은 그렇게 할 생각이 없었지만, 타고날 때 부터 갖고 있는 영능력을 스스로 조절할 수가 없으므로 그런 사태가 실제로 일어나게 되는 것이다.

  그러기에 나는 사람들이 영능력에 대해 올바른 지식을 가져 주기를 바라며, 지식을 지닐 뿐만 아니라, 실제로 몸에 익혀서 만물의 조화를 실현시키기 위하여 도움이 되기를 바라고 있다. 이 책을 쓴 것도 사실은 그런 소망을 이루고자 하는 뜻에서임을 밝혀둔다.

3. 미래 예지는 누구나 경험하고 있다

사고가 나는 환상(幻想)을 보았다

눈을 쓰지 않고 멀리 있는 것을 보는 투시는 영능력자가 아니고는 힘들게 마련이다. 그러나 현재는 그림자도 형태도 없으나, 이제부터 앞으로 일어날 일을 알 수 있는 것 —— 예지라는 현상은 보통 사람들도 흔히 경험하고 있다.

이 예지력때문에 큰 사고를 미리 피할 수 있었다는 이야기를 독자 여러분들은 여러 번 들었을 것이다.

이를테면 내가 알고 있는 어느 중년 남성의 경우다. 물론 그는 영능력자도 아니고 수행한 일도 없는 아주 평범한 보통 사람이다.

이야기는 조금 옛날이 되는데, 소화(昭和) 37년 5월 3일, 토오꾜의 국철(國鐵) 도끼와선(常磐線), 미까와시마(三河島) 역 구내에서 대참사가 발생했다. 신호를 잘못 바꾼 데서 화물 열차가 탈선 전복했고, 여기에 상행선과 하행선의 두개 전차가 복합적으로 충돌하여 사상사(死傷者) 수효가 460명을 넘는 큰 사고가 발생한 것이었다. 저녁 때의 퇴근 시간과 겹쳐서 사상자가 많았던 것으로 기억하고 계신 분이 많을 것이다.

한편, 이 사건에 등장하는 중년 남성은 당시 근무처의 통근에 이 도끼와선을 이용하고 있었다. 사고가 있었던 날도 근무를 끝내고, 집에 돌아가려고 전철역에서 언제나 타는 전철을 기다리고 있었다. 고지식한 사람이기 때문에 출근할 때도 귀가할 때

도, 매일 비슷한 시간의 전차를 이용하였는데, 그 습관이 벌써 몇년이나 계속 되고 있었다.

그런데 언제나 다름없이 일보리역(日晡里驛)의 역 구내에 서서 들어오는 전차를 보고, 그는 한순간 얼굴빛이 창백하게 변하였다. 역 구내에 들어오는 전차가 새빨간 불길에 쌓여 있는 것처럼 보였기 때문이다.

당황하여 두 눈을 부비고 다시 보니 평소와 같았다. 통근객으로 가득 찬 언제나 보던 전차였다.

전차가 멎고, 문이 열렸다. 갈아타는 손님들이 내리고 타기 위해 문쪽으로 향했다. 그도 가방을 가슴에 안고 문으로 향하려고 했으나 오금이 딱 붙어서 발이 떨어지지가 않았다. 조금 전에 환상(幻想)으로 본 불길에 휩싸인 전차가 마음에 걸렸기 때문이었다. 한동안 망서린 끝에 그는 그 전차에 타는 것을 단념했다. 오랜 습관을 깨뜨리고 다음 번 전차를 타기로 결정했다.

그때, 자기 자신의 부질없는 일이라고 생각했다는 것이다. 아무것도 아닌 착각으로 전차가 불길에 휩싸인 것처럼 보였을 뿐이라고 그는 그렇게 생각했었다는 것이다. 그러나 착각이라고 생각하면서도 그 전차를 타지 않은 것이 그의 목숨을 건진 계기가 되었다. 탈선 전복하여 수많은 사상자(死傷者)를 낸 것은 바로 그 전차였기 때문이다.

실제로 그 전차는 탈선 전복한 화물열차에 끼어들어 대파 당했다. 화재가 발생하여 불길에 휩싸인 것은 아니었다. 그러나 분명히 항상 타던 전차에게 몇분 후 닥쳐 오는 큰 사고가 불길에 휩싸여 있는 형태로 그는 예지한 셈이었다.

만일 그가 영능력자였거나 그리고 자기가 본 영상(映像)이 무엇을 뜻하는 것인가를 알 수가 있었다면, 그는 그 전차에 타려는 승객중의 몇 사람이라도 더 구제하려고 노력했을지도 모른다.

무의식중에 지껄인 말이 현실화 된다

영상(映像)이라는 형태로 미래에 일어날 일들을 미리 알려 주는 경우 이외에 좀 더 감각적으로 그러한 사건을 느낄 수 있는 사람도 있다. 이른바, 제6감각 (예감)이다.

예를들면 역에서 기다리고 있다. 자기 차례가 겨우 돌아와 타려고 하는데 왜 그런지 싫은 느낌이 든다. 운전수가 마음에 들지 않는다든가 그런 종류의 것이 아닌 좀더 다른 느낌이다.

다른 사람에게 양보를 하고 다음 택시를 타고 잠시 달리다가 보니까 조금 전 양보했던 택시가 접촉 사고를 일으켜 길 옆에 정차하고 있는 것을 보게 된다 —— 이런 일이 여러 번 있었다고 이야기해 준 여성도 있다.
 또 좀더 색다른 예지도 있다. 전혀 자기로서는 의식하지 않고 있었는데, 미래에 일어나는 내용이 입밖으로 나오는 경우이다.
 나에게는 국민학교 2학년인 아들이 있다. 가장 막내 아이인데 내가 보기에는 태어났을 때부터 약간의 영능력을 갖고 있는 것처럼 생각된다. 그러나 물론 본인으로는 그렇게 느낄 수도 없고, 조절할 능력도 없다.
 1년쯤 전에 있었던 일이다. 이 아이가 새끼 고양이를 주어 왔다. 집 근처에서가 아니고 나의 연구소에서 소유하고 있는 가나가와 현의 네부가와(根府川)에 있는 요가 도장에 갔을 때 일이었다. 1킬로쯤 산길을 내려간 곳에 있는 마을에 갔다가 돌아오는 길 숲 속에서 울고 있는 것을 주웠다고 했다.
 아이는 주은 새끼 고양이에게 '니양'이라는 별명을 붙여 주고 귀여워 하고 있었다.
 요가의 강습회가 열려서 내가 도장에 갈 때마다 아들을 데리고 다녔다. 그 도장에는 숙식하면서 수행을 계속하고 있는 학생이 있었다. 그 학생을 N군이라고 부르기로 한다. N군은 게이오오(慶應) 대학의 학생인데 영적(靈的)인 세계에 관심이 강해 한 때는 대학을 휴학하면서까지 수행하고 있었다. 이때 새끼 고양이를 N군이 돌보아 주고 있었다. 어느 날, 그 N군을 보고 아들은 무심히 이런 말을 했다.
 "N님, 새끼 고양이를 죽여서는 안되요."
 N군은 오늘 이상한 말을 하는구나 라고 생각은 했지만 별로 신경을 쓰지 않은채 그냥 잊고 말았다고 한다.
 그것이 오후 4시 쯤에 있었던 일이었다.
 우리들이 귀가한 뒤에 N군은 도장에서 명상에 잠겼다. 새벽

4시부터 8시까지, 오후 4시에서 8시까지 두번에 걸쳐서 좌선(座禪)을 한채 정신 집중을 하는 것이 일과가 되어 있었기 때문이었다.

그런데 명상에 들어간 지 30분도 되기 전에 이상하게도 별채의 부엌에 있는 새끼 고양이에게 신경이 집중되었다.

새끼 고양이에게 무슨 일이 일어난 것과 같은 느낌이 들었기 때문이다. 그래서 잠시 명상을 중지하고 별채로 달려가 보았다.

그러자 부엌 바닥에서 새끼 고양이가 입에서 피를 흘리면서 몹시 괴로워 하고 있는 것이 아닌가? 닭뼈가 목에 걸린 것이었다. 잘 알다시피 닭뼈는 종적(縱的)으로만 갈라지는 성질이 있다. 아주 뾰죽한 뼈끝이 위험하기 때문에 애완동물에게는 닭뼈를 주는 것은 금물인데 어떻게 된 셈인지 새끼 고양이가 그것을 먹어버린 모양이었다.

괴로워 하는 새끼 고양이를 보았으나 N군으로서는 어떻게 할 방법이 없었다. 다만 등을 쓸어주고 있었는데 갑자기 새끼 고양이는 닭뼈를 토했다고 한다.

N군은, 자기가 도장에서 부엌으로 온 것도 이상한 일이고, 어쩔 수 없었던 닭뼈를 새끼고양이가 토해낸 것도 이상하다고 하였는데, 어쩌면 N군에게도 심령치료 능력이 있었는지도 모른다.

어쨌든 새끼 고양이는 이렇게 해서 목숨을 건졌다. 원래는 죽는 것이 당연한 것을 목숨을 건진 셈인데, 새끼 고양이가 이런 위험한 일을 당하게 된다는 사실과 그것을 N군이 구해낸다는 것을 나의 막내 아들은 미리 알고 있었다는 것이 된다.

어째서 어린이는 예지 능력이 강한가?

 누군가가 찾아올 것 같다는 느낌이 들었을 때 정말 그 사람이 찾아 왔다든가 전화가 걸려올 것 같은 느낌이 들었는데 정말 전화벨이 울렸다든가 하는 일은 일상 생활 속에서 흔히 일어나는 현상이다.

 어른의 경우에도 예감이 잘 맞아 떨어지는 경우가 있지만, 어린이의 경우는 더욱 그러하다. 어린 아이가 '오늘은 할머니가 오신다라든가, 할아버지가 오신다'라고 말하면 반드시 그분들이 찾아오게 되는 경험은 누구나 겪은 일이 있을 것이다.

 왜 이런 일이 일어나는가 하면, 의식 작용과 영능력은 깊은 관계가 있기 때문이다. 간단하게 말해서 이른바 의식이 분명할 때는 영능력은 나타나지 않게 되어 있는 것이다. 다시 말해서 의식의 작용이 강하면 강할수록 영능력의 발휘가 방해를 받는데, 어린이의 경우는 의식의 작용이 아직 미숙하기 때문에 영능력이 나타나는 비율이 커질 수 밖에 없는 것이다.

 이와 같은 예지라고 하는 영능력도 자연발생적으로 나타날 경우에는 '이러한 일이 일어날 것만 같다'고 느껴질 뿐.그 일이 어째서 일어나는지, 일어나서 어떻게 되는가 하는 점에 대해서는 보통 분명치 않다. 다만 그런 느낌이 든다, 좋지 않은 느낌이 든다, 하늘에는 구름 한 점 없지만 어쩐지 물 냄새가 난다, 그러니까 비가 내리는 것이 아닌가 —— 이런 정도인 것이다.

하이잭크와 난사사건(亂射事件)의 예언

 그러나 영능력을 개발하여 자기 자신이 조절할 수 있게 되면 좀 더 뚜렷하게 지각할 수 있게 된다.

1972년 4월부터 5월에 걸쳐 나는 미국의 대학과 연구소의 초청을 받아 강연 여행을 떠나게 되었다. 일본에서는 초심리학(超心理學)의 연구를 정식으로 행하고 있는 대학이나 연구소는 많지가 않지만, 미국과 유럽의 여러 나라들과 소련과 동유럽에서는 왕성하게 그 연구가 진행되고 있다.

나는 미국에서의 강연을 끝낸 뒤 유럽의 스위스, 독일, 영국, 이태리를 둘러보고 이태리의 로마와 이스라엘의 텔아비브, 인도의 봄베이에서 강연을 계속할 예정이었다.

그런데 미국을 향하여 출발하기 1~2주일 전부터 이번 여행이 끝날 무렵에 목숨이 위태스러운 사고를 당할 것 같은 느낌이 들었다. 그래서 유럽의 여러 나라 대학에는 전보를 쳐서 예정을 취소했다.

유럽 여행을 취소하고 이번에는 미국에서의 여행 예정을 세우기 시작했는데, 여기에서도 또 하나 마음에 걸리는 문제가 있었다. 미국에서는 로스앤젤리스를 기점으로 아칸소주의 홋트 스프링, 샌트 루이스를 돌아서 샌프란시스코를 거쳐 거기에서 일본으로 돌아올 예정이었다.

그런데 여행대리점이 짜놓은 예정표는 샌트 루이스에서 샌프란시스코로 향하는 비행기가 덴버를 경유하게 되어 있었다.

이것이 마음에 들지 않았다. 아무래도 하이잭크 당할 비행기에 탑승하게 될것 같은 느낌이 들었기 때문이다. 그래서 이미 예매한 티켓을 취소하고 샌트 루이스에서 페닉스 ──── 로스앤젤리스 ──── 샌프란시스코로 멀리 도는 코스로 변경했다.

페닉스에서 로스앤젤리스로 향하는 비행기는 록키산맥을 넘을 때 상당히 흔들렸다. '남쪽으로 도는 코스를 택한 것이 잘못된 것이 아니었을까'라고 생각했을 정도였다.
 그러나 샌프란시스코의 호텔에서 여장으로 풀고 석간 신문을 펼쳐 보니까 과연 동행한 아내와 내가 타고자 했던 비행기가 하이잭크 당했음을 알 수가 있었다.
 하이잭크 범인은 흑인 과격 단체로서, 앞서 체포되어 재판을 받고 있던 캘리포니아 대학의 흑인 여성 조교수의 무죄석방을 요구하고 있었다. 나는 예지능력 덕분에 하이잭크를 당하지 않게 된 셈인데, 사실은 이것만이 아니었다.
 무사히 미국에서 일본에 돌아와서 한숨 쉰 뒤, 약 5주일이 지났을 무렵이었다. 이번에는 텔아비브 공항에서 일본 적군파에 의한 총기 난사사건이 발생한 것이었다. 맨 처음 예정대로 미국에서 구라파로 건너 갔더라면 난사사건이 일어나던 날, 아니면 그 하루 전에 로마에서 텔아비브에 도착해서 하룻밤을 잘 예정이었다.
 이번 여행이 끝날 무렵 목숨이 위태로운 사건이 발생할 것 같다는 것은 바로 이 사건을 지목했던 것이라고 생각된다.
 물론 이와 같이 정확한 예지를 할 수 있는 것은 나에게 한한 이야기는 아니다.
 이를 테면 히틀러의 죽음을 예언함으로서 그를 몹시 화나게 하여 10만 마르크의 현상금이 붙었고, 목숨이 위험했었으나 결국은 그 예언이 적중된 포오랜드인 우르후·메싱의 예가 있다.
 죤·F·케네디 미국 대통령의 암살을 예지한 것은 미국의 지인·딕슨 부인이었다. 그리고 너무나도 유명한 예언자 노스트라다무스가 있다.
 로스앤젤리스의 대지진(1971년)이 발생하기 몇시간 전에 그곳에 살고 있는 친구들에게 지진 안부를 묻는 전보를 친 몇 사람의 이름없는 사람들 —— 그들은 어떻게 로스앤젤리에서 지진이 일어날 것을 미리 느낀 것일까?

4. 영능력으로 전생(前生)을 알 수가 있다

미지의 땅에 어떻게 향수를 느끼는가?

　독자 여러분들 가운데는 자기나 가족과는 아무런 인연이 없는 곳인데도 멀리 떨어져 있는 어떤 곳에 이상하게 마음이 끌린 경험을 지닌 분이 있을 것이다.
　이를테면 몇 대에 걸쳐 도오꾜(東京) 태생이고 도오꾜에서 성장한 그런 사람이, 전혀 아는 분이 없는 동북의 어느 고장을 꼭 찾고 싶어하는 그런 것을 말하는 것이다.
　물론 유명한 관광지나 역사적인 유적지를 한번은 찾아보고 싶어지는 것이 사실이지만 지금 여기서 이야기하는 것은 그런 것을 말하는 것이 아니다. 좀 더 근원적인 무엇인가 마음속에서 우러 나오는 그리움 같은 것을 말한다.
　그런 사람들은 대부분 지금까지 몇 차례 까닭도 없이 마음이 끌리는 곳을 향해 여행을 했을 것이다. 그리고 편안한 기분으로 며칠간을 지내게 된다.
　만일 당신이 이런 경험을 갖고 있다면 그 고장은 틀림없이 당신의 전생(前生) 즉, 당신이 지금 이 세상에 태어나기 전의 생(生)과 깊은 인연을 가진 고장인 것이다. 아무런 뚜렷한 이유도 없이 끌어오르는 그 고장에 대한 그리운 마음은, 전생의 기억이 되살아 나기 때문이다.
　내가 알고 있는 사람 중에 그 전형적인 예가 있다. 그도 또한 마음 속에서 솟아오르는 것과 같은 목소리에 이끌려 자기의 전생과 관계가 깊은 고장을 몇 번이나 찾아 갔다.

대학을 휴학하고 가나가와현 네부가와(根府川)의 도장에서 수도를 쌓던 N군의 경우이다.

보통 10개월 정도 내가 지시하는 수행을 쌓은 뒤에 어떤 시기가 되면 나는 그 사람의 전생(前生)을 알려 주고 그 뒤의 수행방법 등에 대해 자세히 지도하는 관행이 있었다.

N군의 경우도 도장에 들어와 10개월 쯤 지나 그 시기가 되자, 어느 날 그를 지도하기 위해 나는 그와 나란히 좌선을 하고 명상으로 들어갔다.

잠시 뒤였다. 나는 영계를 알 수 있는 초감각 상태에서 얼굴이 잘 생긴 젊은 스님의 모습이 떠올라 왔다. 옷차림으로 보아 선종(禪宗)의 스님인 것 같았다.

N군의 전생을 어째서 알 수 있었는가?

그 밖에도 여러 가지를 알 수가 있었다. 물론 그 젊은 선종의 스님이 N군의 전생이었던 것인데, 그 젊은 스님이 수행에 정진하던 때는 응인(應仁)의 난(亂)이 일어 났던 (1467년) 무렵이었다.

유명한 잇규우선사(一休禪師)가 활약하고 있었던 시대였다.

그 젊은 스님은 잇규우 선사가 주지로 있었던 대덕사(大德寺)에서 수행을 쌓은 스님으로서 미시가와현(石川縣)의 가네자와지방(金澤地方)과 백산(白山)에서도 수행한 바가 있었던 모양이었다. 이것이 N군의 전생인 셈이다.

나는 N군에게 내 자신의 초감각에 떠오른 이야기를 그대로

전해 주었다. 그랬더니 그 이야기를 듣는 순간 그의 얼굴에 놀라는 표정이 떠올랐다.

　N군이 아직 경응대학(慶應大學)에 다니던, 그러니까 나를 찾기 전에 그는 왜 그런지 가네자와(金澤)에 마음이 끌려서 몇 번이나 그 고장을 찾은 일이 있다는 이야기였다. 물론 N군은 도오꾜(都) 태생이고, 거기서 자랐고, 부모님도 모두 가나자와 지방과는 아무런 관계가 없는 분들이었다.

　다만 이렇다할 만한 분명한 까닭도 없이 가나자와가 그리워서 몇번씩이나 그곳을 찾았던 것인데, 그것은 당연하다고 할만한 숨은 이유가 있었다. 그는 500년 이상 옛날 가나자와에 살면서 수행에 힘쓴 선승(禪僧)이었기 때문이다.

　자기의 전생과 관계되는 고장에 대한 기억은 또다른 형태로 나타나는 경우가 있다.

　이를테면 당신은 태어난 뒤 아직 한번도 와본 일이 없었던 곳을 찾았을 때 여기는 전에 온 일이 있다고 느껴진 경험이 있을 것이다. 그리고 동네 길 모퉁이마다 마치 어제까지 살았고 고향과 같이 뚜렷이 기억이 되살아 나는 그런 경험이 없었는지 한번 생각해 보기 바란다.

이것은 기시감각(既視感覺)이라고 하는 분렬병(分裂病)의 초기 증상과 매우 비슷한데 만일 되살아난 기억이 하나 하나가 실재하는 토지의 모습과 일치한다면, 그것은 정신병 증상이 아니며, 역시 당신의 의식에 전생의 기억이 나타난 영능현상(靈能現象)의 하나인 것이다.

이와 같이 전생의 기억이 되살아 나는 경우 [과거를 알 수 있는 영능력의 하나]는 매우 단편적인 기억이 되살아난 경우라고 할 수 있다. 더욱이 그것은 본인이 뚜렷하게 의식하지 못하는 경우가 대부분이다.

인도에서 있었던 이상한 전생 이야기

그런데 전생의 실례가 차례로 발굴되고 있는 인도에서는 다음과 같은 일이 있었다.

1954년, 서벵갈주의 칸빠라고 하는 마을의 요기(요가 행사)에게 딸이 하나 태어났다. 이름을 스쿠라라고 지어 주고 소중하게 길렀는데, 이 아이가 겨우 말을 하게 된 두살 쯤 되었을 때부터 이상한 놀이를 하기 시작했다. 작은 나무토막으로 인형을 만들고 그 인형에게 '미누'라는 이름을 붙이고는 진짜 자기 딸인 것처럼 귀여워 하기 시작한 것이다. 주위의 어른들이 '미누'가 누구냐고 물으면 '미누'는 내 딸이라고 이야기했다.

'미누'에 대한 슬픈 이야기를 매일 반복하면서 3년이 지났다.

그러다가 스쿠라가 다섯살 쯤 되었을 때였다. 어느날 갑자기 라토하아라의 바쁘토하아라라는 작은 마을에 자기를 데려다 달라고 애원하였다. 스쿠라는 그 마을에 자기의 딸인 미누를 비롯하여 부모와 남편인 케토우, 남동생인 카르토오나 등 가족들이 살고 있다는 것이었다.

 그들은 자기 전생(前生)의 가족들이니까 꼭 만나고 싶다는 것이었다. 아버지인 요기를 비롯하여 주위의 어른들은 누구도 그런 이름을 가진 마을이 있다는 것을 알지 못했다. 그러나 스쿠라의 태도가 너무나 진지하였으므로 아버지는 친구인 철도원에게 부탁하여 그런 이름을 가진 마을이 있는지 조사해 달라고 부탁했다.

 그러자 그런 이름을 가진 마을이 분명히 있었다. 그 마을의 입구까지 가서 스쿠라가 이야기한 것과 같은 가족들이 그 마을에 살고 있는지 조사해 보았더니 확실히 그런 가족들이 살고 있노라고 했다.

 그 뒤, 며칠이 지난 뒤 아버지인 요기는 스쿠라를 데리고 케토우이 집을 방문했다. 케토우의 집 앞까지 가자, 스쿠라는 혼자서 집안으로 걸어 들어갔다. 집안 모양을 구석구석 알고 있는 모양이어서 아버지를 보고 이 사람이 남편이고 이 분이 시어머니라고 소개를 하기 시작했다.

 스쿠라의 전생의 딸인 미누는 열살 쯤 되는 소녀였다. 스쿠라보다 다섯 살이나 손위였다. 그런데 스쿠라는 미누를 어머니가 딸을 끌어 안듯이 끌어안고 귀여워 하는 것이었다. 그러자 미누는 다섯살이나 나이가 어린 아직 어린애에 지나지 않는 스쿠라에게 안긴채, 마치 진짜 어머니의 품 안에 안긴 것처럼 눈물을 뚝뚝 흘리는 것이었다.

스쿠라의 이야기는 상상력이 왕성한 어린이가 지어낸 이야기는 아니었다. 실제로 존재하는 인물과 장소에 의하여 뒷받침이 된 사실이었다. 즉, 스쿠라는 자기 전쟁의 자세한 일부를 분명하게 기억한 소녀였다.

지금까지 소개한 이야기들은, 감각기관에 의지하지 않고 과거를 알아내는 힘, 즉 과거인지(過去認知 : retro cognition)라고 불리우는 영능력의 하나로서 자기 자신의 전생에 대한 기억인 것이다.

N군이나 스쿠라의 예에서도 짐작할 수 있듯이, 인간의 이승에서의 존재 그 자체가 전생에서 만든 행위의 결과를 원인으로 성립되는 것인데, 보통은 전생에 한 행위의 기억이 마음 속 깊이 잠재되어 있음으로 의식의 표면으로 떠오르지 못한다.

그래서 보통 사람들은 누구나 자기의 전생에 대해서는 아무 것도 모르게 된다. 또한 어떤 재난이 닥쳐 와도 그것이 전생에 원인이 있는지 아닌지를 알 수가 없다.

의학적으로 원인을 전혀 알 수 없는 질병 따위는 전생에 원인이 있는 경우가 적지 않다. 그 원인을 밝혀 재앙으로 부터 피하기 위해서는 자기 자신이 영능력을 개발하거나 높은 영능력을 지닌 사람에게 의지할 수 밖에 없는 것이다.

5. 영장(靈障)이 뜻하는 것은 무엇인가?

영(靈)의 존재를 깨닫는다는 것

부슬부슬 비가 끝없이 내리는 밤, 단조롭게 이어지는 고속도로를 졸린 것을 억지로 참으면서 차를 모는 택시 운전수——.

문득 길 앞을 여자가 가로 질러 간다. 여자를 치지 않으려고 당황하여 핸들을 꺾은 순간, 중앙 분리대에 충돌한다.

운전수는 자기의 잘못 때문이 아니며, 분명히 길을 가로 지른 여자의 모습을 보았다고 주장한다. 그러나 대개의 경우, 단조로운 운전에서 오는 의식 레벨의 저하로 환각을 본 것에 지나지 않는다고 취급받게 된다.

그러나 보통 사람들에게는 보이지 않는 것을 분명히 보았다 또는 보인다고 주장하는 사람들이 있는 것은 사실이다.

이를테면 유령 이야기를 예로 들수가 있다. 죽은 것이 분명한 친구나 지인(知人), 또는 부모의 모습이 보였다, 분명히 보았다고 주장해도 고인(故人)을 그리워 한 나머지 본 환각일 뿐이라고 누구도 믿으려 하지 않는다.

그러나 영(靈)의 모습을 볼 수 있거나 목소리를 들을 수 있는 것도 영능력의 하나임을 알아야 한다. 이것은 영시(靈視)·영청(靈聽)이라는 현상이다. 영시나 영청은 그것을 통해 과거에 일어난 일들을 알 수 있는 능력과 연결되는 경우가 많다.

오랜 세월이 흘러서 산천(山川)의 모습도 바뀌고 일체가 흔적도 없이 사라진 먼 옛날 일도 또 그 당시에 살았던 사람들의 영(靈)을 보거나 그 영과 대화하므로서 자세하게 알 수가 있다.

선천적으로 어느 정도 영능력을 지닌 사람들은 영의 모습이 보이거나 막연하게 그럴듯한 존재를 느끼는 경우가 가끔 있으나, 영능력의 개발에 가장 좋은 요가의 방법으로 수련함으로써 영능력을 얻게 되면 다음과 같은 사실이 실제로 나타난다.

방황하는 영이 영장(靈障)을 만든다

몇년 전 내가 아는 사람의 소개로 젊은 사나이가 나를 찾아온 일이 있었다.

부인과 처남인 대학생을 함께 데리고 찾아 왔다. 가령 그를 W씨라고 부르기로 하자.

W씨의 이야기는 이러 했다. 대학에 다니는 처남이 정신 장해를 일으켰다. 가벼운 분열증이라는 병원의 진단을 받았는데, 벌써 여러 해가 지났는데도 일진일퇴 상태여서 조금도 호전되지 않는다는 이야기였다.

그뿐만 아니라 병의 원인도 분명치가 않다고 했다. 무엇인가 눈에 보이지 않는 저주를 받아서 그것이 정신장해의 원인이 된것이 아닌지 알려 주었으면 좋겠다는 이야기였다.

나는 세 사람을 신전(神前)에 안내하여 정신을 통일하도록 했다. 그러자 세 사람의 등 뒤에 한 노인의 영이 서 있는 것이 보였다. 얼굴이 갸름한 상당히 잘 생긴 인물이었다.

그런데 내가 지켜보고 있는 동안에 밭 한가운데 세워진 초라한 오두막 집 속에서 어린 계집아이 3명이 울고 있는 모습이 보였다. 이 아이들의 어머니가 목을 매어 자살을 한 때문이었다. 세 어린 계집아이들의 어머니에게 목을 매게 만든 것이, 사실은 세 사람 등 뒤에 서 있는 노인이었다. 물론 살고 있던 장소가 어디였는지도 알 수 있었고, 이름이 무엇인지도 알 수가 있었다. 시대는 명치시대(明治時代)의 중간 쯤이었다.

이 노인은 겉모습과는 달리 아주 인색한 사람이어서 분명히 말하면 돈 밖에 모르는 수전노(守錢奴)였다. 넓은 땅을 가진 지주로서 소작인들을 가혹하게 대하는 것으로 유명했던 인물이었다. 오두막 집에서 울고 있던 세 딸의 어머니도 빌린 돈을 갚지 못해 조금 갖고 있던 땅을 노인에게 빼앗기고 말았다.

W씨의 처남되는 대학생은 자살한 여인의 저주를 받고 있었다.

나는 W씨에게 내가 본 그대로를 이야기하였다. 노인은 W씨 부인의 조부(祖父)가 되는 분이었고, 이름도 내가 알고 있는 것과 같다는 것. 장소도 도꾜에 있는 사철(私鐵)의 철로면이며, 그 집안은 지금도 그곳에 살고 있다는 것. W씨의 처남이 아직 살고 있는 집도 자살한 여인으로 부터 빚대신 빼앗은 땅에 있다는 것 —— 여러가지를 알 수가 있었다.

그래서 처남의 정신병을 고치려면, 자살한 여인의 원한을 풀어주는 방법밖에 없었다. 나는 W씨에게 그 방법을 가르쳐 주었다.

그 방법이란 간단히 말하면 요가의 행(行)을 실천하는 것인데, 이것을 통해 영능력을 개발한 뒤, 처남에게 빙의되어 있는 영을 타일르는 것이다.

전생에서 비참하게 죽은 사람의 경우, 남겨 놓고 떠난 자식들에 대해 집착심이 강하므로, 영이 땅 위에 남아 이승에 살고 있는 사람에게 장해를 일으키는 일이 많다. 이와 같이 방황하는 영때문에 정신장해나 원인 불명의 질병을 일으키는 현상을 영장(靈障)이라고 하는데, 그런 현상을 깨끗이 해소하려면 고급 영능력자의 기도를 부탁하거나 본인 스스로가 100일 정도 수행하는 것이 가장 좋은 방법이다.

그뒤 W씨는 나를 찾지 않게 되었는데 W씨를 알고 있는 친구로부터 들은바에 의하면 한때 열심히 기도를 해서 처남의 병도 차차 좋아졌었다고 했다. 입원 중인 병원에서 퇴원하고 휴학했던 대학에 복귀할 정도로 회복되었다고 했다.

그러나 병이 호전되는 상태에서 안심을 했던지 기도를 중단했다고 한다. 그러자 처남의 증상이 또다시 악화된 상태에서 W씨와의 연락이 두절되었다고 했다. 친구는 이렇게 이야기하고 몹시 안타까워 했다.

W씨 처남의 경우는 모처럼 병의 원인이 분명해졌음에도 불구하고 끈기가 모자라 그 정신병을 완치시킬 수가 없었던 케이스라고 생각한다.

이것은 불행한 결과로 끝난 한 예이거니와 또 하나 내 자신이 체험한 이야기를 소개하고저 한다. 역시 영시 능력(靈視能力)으로 과거를 알게 되어 정신분열증에 걸린 한 소년을 구제한 실례이다.

갑자기 무사(武士)의 모습이 보였다

어느 날 내가 신관(新官)을 맡고 있는 다마미쓰신사(玉光神社)의 신전(神前)에서 기도를 하고 있는데 내 등 뒤에 앉아 무엇인지 열심히 기도를 올리고 있는 부인이 있었다.

나는 무심히 그 부인의 모습을 보고 소스라치게 놀라지 않을 수 없었다.

왼쪽 어깨 뒤에 갑옷을 입고 칼 자욱과 창에 찔린 상처 투성이가 되어 피를 흘리면서 서 있는 무사가 보였기 때문이었다.

갑자기 그런 것이 보였기 때문에 한순간 놀랐는데, 마음을 진정시켜 보고 있으니까 마음의 눈에 가나가와현(神奈川縣)의 디자와산괴(円澤山塊)에 있는 오오야마(大山)의 아름다운 모습, 이어서 오오야마의 기슭에 있는 밭, 그 밭에 자리잡고 있는 작은 사당 같은 것이, 차례로 보였다.

한편, 부인 등뒤에 무서운 형상(形相)의 무사가, 사실은 그 밭속에 있는 작은 낡은 사당 속에 모셔 놓은 호오조가(北條家)의 무사의 영이라는 것도 알 수가 있었다.

약 10분 동안 그 부인 앞에 앉아 있으면서 알게 된 것은 이 부인의 아버지되는 분이 몇 10년 전에 이 무사를 제사지내는 사당의 밭을 샀다는 것, 그 뒤 밭을 넓히기 위해 그 사당을 파괴하였다는 것. 그리고 지금은 그 부인의 집과 살고 있는 마을에 미친 사람들이 있다는 것, 또한 부인의 아들이 현재 분열병 증세때문에 입원중이므로 어떻게 해서든 완치시켜줄 것으로 신전(神前)에 기도 드리고 있다는 사실을 알게 되었다.

영능력을 갖게 되면 이와 같이 영의 모습이 보이게 된다. 또한 더한층 영능력이 강화되면 어떤 인물에 정신을 집중시킴으로써 본인이나 그 사람과 관계된 사람들에게 매어 달려 있는 영이나, 그 사람의 전생 모습이 왼쪽 어깨 뒤에 나타나게 된다.

내 이야기를 처음에는 잘 납득이 되지 않는다는 표정으로 듣고 있던 부인이었으나 오오야마(大山)의 이야기며, 밭 한 가운데 있는 사당이며, 아들이 정신병을 앓고 있으리라는 이야기를 하자 아주 진지한 표정으로 변하면서 사실은 친정이 오오야마의 기슭에 있는 이세하라(伊勢原)에 있으며 밭 한가운데 있는 사당을 뒤집어 없앴다는 이야기를 들은 일이 있노라고 고백하였다.

다음 날 또다시 찾아온 부인이 털어 놓은 바에 의하면 현재 입원중인 아들이 발병한 것은 중학교 3학년 때 였었는데 그 무렵에 쓴 일기 중에 '나는 호오죠 집안에 태어난 무사 아무개이다'라는 글이 적혀 있어서 이상한 아이라고 생각했었노라고 말했다.

이로부터 나는 일주일 동안 매일 아침 그 무사의 영을 향하여 기도를 했고, 사당을 파괴당한 노여움을 풀도록 간곡히 타일렀다. 그리고 꼭 일주일 뒤였다. 그 부인이 찾아와 입원하고 있던 아들이 완쾌되어 퇴원하고 집안 일을 돕기 시작했다는 것이었다.

독자들 중에는 이 부인의 아들이나 앞서 예를 든 W씨의 처남의 경우도 우연의 결과가 아닌가 하고 의문을 갖는 분이 있을 것이다.

하기야 이 두가지 예만 본다면 우연이라고 말할 수 있을지도 모른다. 그러나 나는 내가 겪은 수많은 체험 속에서 겨우 두 가지 예만을 소개한 것에 지나지 않는다.

이러한 영장(靈障)에 의한 질병이나 재앙 등은 높은 영능력을 활용하여 해(害)를 끼치는 영을 달래지 않는 한 절대로 좋아지는 법이 없다. 이와 같이 병원에서는 전혀 개선시킬 수 없었던 장기간의 질병을 빙의된 영을 제령(除靈)시킴으로써 거짓말처럼 좋아진 많은 실례가 있음을 알아야 한다.

또 영이나 영계(靈界)의 존재 그 자체에 대해 의심을 갖고 있는 사람들도 이 책을 읽고 자기 자신의 영능력을 개발해 나아간다면 내가 결코 거짓말이나 우연히 일어난 일들을 이야기하고 있지 않다는 것을 이해할 것이다.

  그 이유는 지금까지 있을 까닭이 없다. 보일 까닭이 없다고 확신했던 영의 모습이나 자기 자신의 영적인 존재가 영능력의 개발에 따라 확인될 수 있기 때문이다.

6. 전생의 기억은 어디에 간직되어 있는가?

어째서 물을 두려워하는가?

옷을 입은채 비에 젖는 것은 누구나 싫어한다. 특별한 괴짜가 아닌 이상 비에 젖는 것을 좋아하는 사람은 없을 것이다.

정도의 차이가 있겠지만, 비는 말할것도 없고 도대체 물과 관계되는 여러 가지 현상을 무서워 한다 —— 작은 물웅덩이가 눈 앞에 나타나도 크게 돌아서 피해가고, 목욕탕에 들어가는 것도 싫어한다. —— 해수욕이나 수영장에 가자고 하면 얼굴빛이 창백하게 변한다 —— 약간 과장된 표현이긴 하지만 보통 사람이라면 생각할 수 없을 만큼 극단적으로 물을 두려워 하는 사람들이 있는 것이다.

물론 여기에서 말하는 물은 하나의 예에 불과하고 두려워하는 대상은 여러 가지가 있다. 또 특정한 물건이나 현상, 상태 같은 것일 수도 있다.

이를테면 긴 막대기나 칼, 급한 벼랑, 기차나 비행기, 바다, 어떤 특정한 동물, 어둠 등 온갖 것들이 두려움의 대상이 될 수 있다. 어쨌든 아무런 까닭도 없이 무서워서 견딜 수가 없다. 안전하다고 머리로는 충분히 알고 있으면서도 그러한 것들이 눈에 띄면 역시 마음이 편안할 수가 없다. 그런 사람이 몇 사람은 반드시 있는 것이다.

또한 무엇인가가 염려되어 견딜 수 없는 그런 사람들도 있다. 이를테면 병에 걸리면 어떻게 하나 하는 두려움을 예로 들

수 있다.
 암은 분명히 누구에게나 두려운 질병이긴 하지만 역시 비정상적으로 두려워 하는 사람이 있다. 그것도 일반적으로 암만을 두려워 하는 것이 아니다. 몸의 특정한 부위에 각별히 신경을 집중한다. 조금 과음을 해서 위의 상태가 안좋아지면 위암이 아닐까 하고 우울해진다. 조금 피곤해지면 간장암에 걸렸다고 판단을 하고 우울해지는 것과 같은 경우이다.
 이런 사람은 다른 사람의 입장에서 보면 노이로제 환자로 취급되기 쉬우나 사실은 특정된 무엇인가를 염려하는 이런 사람들의 행동은 본인이 모르고 있는 영능력 발현(發現)인 경우가 적지 않다. 이를테면 이런 예가 있다.
 바로 얼마 전, 나의 연구소에 한 중년 부인이 찾아온 일이 있다.
 극단적으로 물을 싫어하여 본인도 난처한 그런 경우였다. 스스로 고쳐 보려고 무던히 애써 보았건만, 어쩔수가 없다는 것이었다. 어떻게 고칠 수 있는 방법이 없겠느냐는 것이 방문 목적이었다.
 조사해 본 결과 이 부인이 물을 싫어하는 것은 일종의 영능력의 나타남 때문이었다.
 물을 비롯하여 특정한 것을 두려워 하는 것이 어째서 영능력의 출현인가?
 결론적으로 말한다면, 이런 사람은 자기도 모르게 특정한 것을 두려워 하는 것으로서 전생의 기억을 되살리고 있는 것이다.
 물론 어렸을 때, 물에 관한 불쾌한 경험이 있었고, 그 사건을 잊고 있으나 물에 대한 두려움만이 잠재의식에 남아 있는 경우가 있는 것이다. 또는 누군가가 물에 빠져 죽는 장면을 본 것이 원인이 될 수도 있다.

그 사람이 느끼고 있는 공포가 전생의 기억과 연결이 되어 있는지 아닌지는 타인의 전생을 정확하게 알아 볼 수 있는 뛰어난 영능력자가 아니면 알 수 없는 일이지만, 정말 전생과 연관되었다면, 수십 년, 수백 년, 사람에 따라서는 수천 년 전의 아직 이승에 태어나기 훨씬 전의 기억을 되살릴 수 있다. 즉, '감각기관을 쓰지 않고 과거를 알아낸다'는 영능력의 한 가지를 자기도 모르게 활용하고 있는 것이다.

모든 것은 전생(前生)과 관련이 있다

예를 들면 나의 연구소를 찾아 온 물을 싫어하는 여성은 그 뒤 조사한 바에 의하면, 100년 전 쯤에 규우슈의 가고시마현과 미야샤기현의 경계선에서 일어난 커다란 산사태와 해일때문에 죽은 사람이 전생이란 것을 알게 되었다.

전생에서 죽음의 원인이 된 물에 대한 공포가 강렬하게 기억되어 이승에 다시 태어난 뒤에도 의식의 표면에 떠올라 온 그런 경우였다.

이 중년 여성과 같이 자기는 그런 줄 모르면서 전생의 기억을 되살리고 있는 경우는 의외로 많다. 엄밀하게 말한다면, 태어났을 때 성별이나 성격, 몸의 체력, 음식에 대한 취미, 대인관계의 독특한 버릇 등, 모든 것이 전생과의 관련에 의해 결정되기 마련인데, 이것 이외에도 특정된 기억과 연결된 것도 수없이 많다.

또 하나의 예를 들어보자.

나의 연구소에서는 소화(昭和) 57년(1982년) 10월 부터 신경과의 진료를 시작할 예정으로 준비중이다.

새로 시작하는 진료과목의 담당의사는 어떤 유명한 의과대학의 권위자를 초빙하기로 되어 있는데, 이 사람도 또한 자기도 모르게 전생의 기억을 되살려 낸 인물 가운데 한 사람이다.

이 의사는 어머니가 영장(靈場)인 고오야산(高野山) 출신이기 때문인지는 모르나 영적인 세계에 대해 아주 강한 관심을 갖고 있다. 또한 신앙심도 두터운 인물이다.

그런데 어느 날, 부탁을 받은 내가 그의 전생을 조사했는데, 그 결과 이 의사가 오랫동안 고통을 받아 온 눈병의 원인이 밝혀지고 현대 의학도 포기했던 기병(奇病)이 완쾌되고 말았다.

그가 앓고 있던 눈병이란 가끔 왼쪽 눈이 퉁퉁 부어올라 눈거풀이 덮히고 앞을 볼 수 없는 그런 이상한 눈병이었다. 중학생 때부터 아무런 까닭도 없이 눈을 도려내는 것에 대한 공포를 느끼고 있었다고 하는데, 어른이 된 뒤에 그런 증상에 시달리게 되었던 것이다.

물론 유명한 의과대학의 강사였으므로 친구 중에는 우수한 의사들이 많았다.

그래서 왼쪽 눈이 부어 오를 때마다 안과를 찾아가 진찰을 받았으나 전혀 원인을 알 수가 없었다. 원인을 알 수 없으니까 치료할 수 없는 상태가 장기간 계속 되었다.

전생은 요리도모의 서자(庶子)였었다

그 의과대학의 강사에게는 100일 동안의 준비 기간을 거친 뒤 전생을 조사하였다. 이 준비 기간이라고 하는 것은, 그동안 기도를 통해 본인의 혼 및 그와 관련되는 영계의 혼을 깨끗하게 하여 전생 조사에서 어떤 전생이 나오더라도 혼란이 생기지 않도록 마음을 정돈하기 위해 필요한 순서다.

본래, 인간의 전생에 대한 기억은 마음 속 제일 깊은 즉, 태어난 뒤 경험하는 기억 속에 간직된 무의식의 영역을 초월하여 좀 더 깊은 곳에 간직되어 있다. 그것을 갑자기 끌어내게 되면, 교통사고나 질병, 가정 안의 트러블 등과 같은 모습으로 여러 가지 혼란이 생기기 쉽다.

특히 전생에 대한 조사를 의뢰하는 사람은 전생에서 유래된 어떤 고민을 가진 사람들이 많기 때문에 그 원인을 받아 드릴만큼 마음이 열려져 있지 않은 노이로제 환자에게 원인을 밝혀 주면 더욱 악화되는 것과 마찬가지로 정신적 혼란이 더욱 심화된다.

한편 조사를 통해 알게 된 그 의사의 전생은, 고오야산(高野山)의 한 모퉁이에 있는 용천원(龍泉院)이라고 하는 절의 개조(開祖)로 부터 계산하여 10대째에 해당되는 주지스님이었다.

이 용천원이라고 하는 절은 나에게도 추억이 있는 곳이다. 홍법대사(弘法大師)가 고오야산에 영장(靈場)을 개설했을 때, 가뭄이 계속되어 몹시 곤란했었다고 한다. 그리하여 대사가 어떤 샘물 앞에서 비를 나리게 하는 기도를 올렸더니, 샘 속에서 용신(龍神)이 나타나 큰 비를 내리게 했다고 한다. 그 일을 기념하여 건립된 유서깊은 절인데, 30년 전 일본에서도 꽤 큰 교단(敎團)의 교조(敎祖) 초대를 받아서 나는 요가를 가르쳐 주기 위해 출장 갔을 때, 잠을 잤던 곳이 이 절 이었다.

그 무렵, 명상에 잠겨 있는 우리들 앞에 미나모또노 요리도모(源賴朝)와 요리이에(賴家)의 영이 몇번이나 나타난 적이 있었다. 나하고는 관계가 있다고 생각되지 않아 이상한 일이라고 의문을 갖고 있었는데, 이번에 전생 조사를 한 뒤 고오야산에 남겨진 구전(口傳)과 계도(系圖)의 종류를 조사하고 있는 사이에, 이 용천원의 이웃에 있는 고오다이엔(光台院)에 미나오도노 요리도모와 요리이에의 무덤이 있음을 알게 되었다.

어쨌든 이 의사의 전생이었던 사람은 사실은 미나모도노 요리도모의 서자(庶子)(첩의 아들)였었다. 그 탓인지 일찍 출가(出家)하여 용천원에 들어가 훌륭한 스승 밑에서 수행에 정진하고 있었다.

그런데 어느 날 용천원에 호오조・마사꼬(北條政子)가 찾아왔다. 가마꾸라 막부의 2대째 장군이었던 미나오도노・요리이에(源賴家)가 이즈(伊豆)의 수우젠지(修善寺)에서 살해당하였기 때문이다(1204년). 3대째 장군은 미나모도 집안의 혈통을 계승하여야 하므로 그가 돌아와서 막부(幕府)에 들어가 장군이 되어달라는 부탁이었다.

그러나 훌륭한 스승의 영향을 받아서 일생을 불도(佛道)에 바칠 각오를 굳혔던 수도승(修道僧)은 그 부탁을 거절했다. 그는 단도를 뽑아서 자기의 왼쪽 눈을 도려낸 뒤에, 이와 같이 외눈박이가 되어서는 장군직(將軍職)을 맡을 수 있을 까닭이 없노라고 분명히 거절을 하여 장군 부인을 돌아가게 했다.

즉, 장군직에 오르는 것을 거절하기 위하여 스스로 왼쪽 눈을 도려 낸 이 수도승(修道僧)은 약 700년의 세월이 흐른 뒤, 이승에 다시 태어나서 어떤 의과대학의 강사가 된 것이다. 그리하여 왼쪽 눈을 도려냈을 때의 기억이 이승에 살아 있는 이 의사의 몸의 눈병으로 나타나 눈을 도려낼 때의 공포와 고통이, 중학생 때부터 눈을 도려내는 공포심으로 의식 표면에 되살아 났던 것이었다.

7. 염력현상(念力現象)은 어떤 형태로 나타나는가?

부자를 울려서 자기의 죽음을 알렸다

이제까지는 육체의 오감(五感)을 쓰지 않으면서 사람의 마음을 알고 멀리 있는 것을 볼 수 있는 영능력, 또는 영의 존재를 느끼는 능력에 대해 설명했다.

이른바 영적 인지능력(靈的認知能力)(ESP)의 분야에 대해 해설한 셈이다. 그러나 영능력에는 앞서 설명한 것과 같이 또 하나의 분야가 있다. 그것은 손과 발, 도구 등을 쓰지 않고 외계에 변화를 일으키게 하는 능력 즉, 염력(念力)(PK)이다.

가까운 예를 들면, 바람도 불지 않는데 불단(佛壇)에 켜놓은 촛불이 꺼진다든가 위패가 쓸어지거나 하는 경우다. 종(鐘)이 저절로 울리거나, 건전지 약이 다 된 시계가 다시 움직인다든가, 하는 여러 가지 현상이 일어날 수 있다.

대개의 경우, 현대과학의 해석으로는 반드시 물리적인 원인이 있어야 그러한 현상이 일어나는 것인데 실제로는 그렇지 않은 경우가 많다.

옛날 사람들은 그런 현상이 일어나면, '신이 알려준 것이다'라고 생각하여 육친이나 가까운 사람들의 신변을 염려했다. 생사(生死)의 기로에 서 있는 인간의 강한 집념이 그러한 현상을 일으킨다는 사실을 알고 있었기 때문이다.

나의 연구소에서도 이런 일이 있었다. 벌써 상당히 오래 된 일인데 내가 궁사(宮司)일을 맡아보고 있는 다마미쓰신사(玉光神社)의 사무실 인터폰의 부자가 한 밤중에 돌연 울린 일이 있었다.

신사(神社)의 본전(本殿)과 연결된 인터폰인데 한밤중의 일이니까 물론 본전에는 아무도 없는 것이다. 스위치를 눌러서 부자를 울리고 있는 것은 결코 살아 있는 인간이 아니었다.

처음에는 희미한 소리였다. 그러나 갑자기 울리기 시작한 부자의 소리를 듣고, '도대체 무슨 일일까?'하고 사무실에 있던 사람들이 수군거리고 있는 동안에 소리는 점점 크게 울렸다. 나중에는 최대로 큰 소리가 되어 10분 동안이나 계속 울렸던 것이다.

그 부자소리를 들으면서, 'Y씨가 죽었구나'하고 나도 어머니도 같은 생각을 했다. 그런 뒤 5분도 지나지 않아서 Y씨의 부인으로부터 '방금 주인이 숨을 거두었습니다'하는 전화가 걸려 왔다.

다마미쓰신사는 영능자였던 나의 어머니가 처음 개설했고 문을 연지 얼마 지나지 않아서, 어떤 커다란 종교 단체의 부교조격(副教祖格)이었던 Y씨가 이 신사에 가르침을 받으러 왔었다. 그 뒤 20여 년이 지나도록 어머니 밑에서 신(神)의 가르침을 받고 수도했던 곳이었다. 그 Y씨가 어머니와 나에게 승천했음을 알리기 위하여, 본전에 있는 인터폰의 부자를 울렸다는 것이 된다.

세계 2차대전 중에는 정말 많은 사람들이 죽었다. 그것도 자연스럽게 죽은 것이 아니었다. 이를테면 질병으로 죽거나 가족과 친지들이 지켜 보는 가운데 죽는 것과는 전혀 다르다.

그러나 중국 대륙이나 남태평양의 싸움터에서 죽은 사람들은 말하자면 불행한 죽음이었다. 멀리 떨어진 일본에 사랑하는 가족들을 남겨 놓은채 자기 자신은 남쪽의 정글이나 바다 위에서

죽어갔으나 마음은 남았다. 그래서 세계 2차대전 중에는 전술한 것과 염력현상(念力現象)이 일본 본토의 여기 저기에서 일어났던 것이었다.

그때 흰 눈이 쌓인 곳에 발자국이 생겼다

이를테면 이런 일이 있었다. A여사라는 노부인이 있었다. 소화(昭和) 19년 1월 중순경, A여사의 남편은 남태평양 쪽으로 출정(出征)했다. 그 해 겨울은 예년과 달리 추운 날이 계속되어, 도오꾜에도 큰 눈이 몇 번인가 내렸다.

어떤 추운 밤, A여사는, 남편이 육군 대위의 군복을 입은 모습으로 자기를 부르는 소리를 꿈속에서 분명히 들었다. 급히 일어났으나 모습은 보이지 않았다. 다음 날 아침 일어나 현관 문을 열고 마당을 본 A여사의 두눈은 동그레졌다. 새하얗게 싸인 눈

위에 커다란 발자국이 있었기 때문이었다. 대문에서 들어와 마당을 가로질러 뒷문 쪽으로 발자국이 있었다.

   이상하다고 생각하면서 대문 바깥을 보니까 아직 아무도 걷지 않은 이른 아침의 길 위에는 발자국이 없었다. 즉 발자국은 A여사의 집 대문 앞에서 시작하여 뒷문에서 자취를 감추었던 것이다.

   이것은 남편의 발자국이구나 하고 A여사는 느끼지 않을 수 없었다. 눈물이 하염없이 흘러 내렸다. 마음 속으로는, '혹시 남편이 전쟁 중에 죽은 것이 아닐까' 하는 생각으로 가득 찼다. 아무것도 손에 잡히지 않는 슬픈 하루였다.

   그후 2~3개월이 지난 뒤, A여사가 꿈에서 남편과 만난 그 무렵에 전사했다는 공보(公報)를 받았다.

   이와 같이 A여사 남편의 영이 눈 위에 발자국을 남긴 것은 일종의 염력(PK) 현상이다. A여사는 선천적으로 약간의 영능력을 지녔으므로 염력 현상이 일어나기 쉬웠는지도 모른다.

   다음에 도오꾜에 살고 있는 신자(信者)이며 영능자인 K씨의 집에서 일어난 염력 현상은 좀 더 신기하다.

   남편의 영을 모셔 놓은 불단 앞의 대광주리에 군 고구마를 넣어두고 대문 자물쇠를 잠근 뒤 아들과 함께 백화점에 나들이를 갔었다.

   집에 돌아온 K씨는 깜짝 놀라지 않을 수 없었다. 불단 앞에 놓은 대광주리와 군고구마가 장지문 너머에 있는 거실의 식탁 위로 옮겨져 있었던 것이다.

   물론 방과 방 사이에 있는 장지문은 꽉 닫힌 채였다. 누군가가 불단에서 공물(供物)을 꺼내 거실로 옮겼다고 밖에 생각되지 않는 일이었다. 아무리 생각해도 방의 장지문을 통과해 공물이 저절로 거실까지 옮겨 왔다고 밖에 생각할 수 없었다.

결론부터 먼저 말한다면 돌아가신 남편이 남아있는 모자(母子) 두 사람을 지키고 있음을 알려 준 염력현상이었다.

염력현상(念力現象)은 이때 생긴다

그후, 오랜동안 나는 이와 같은 염력 현상이 일어나는 조건을 조사해 보았다. 수많은 예를 수집하고, 거기에 몇가지 공통된 조건이 있음을 찾아 냈다. 그중 하나는 시간이나 기상(氣象)에 관한 것이었다. 즉, 무섭게 추운 새벽, 그날도 아직 어두운 시간 또는 지구 자장(地球磁場)이 그 주변보다 아주 강한 곳이라든가 인도와 필리핀과 같은 매우 더운 날씨도 유력한 조건이다. 또 하나의 조건은 그곳에 영능자가 있다는 사실이다.

다마미쓰 신사에 있는 인터폰의 부자가 울렸을 때는 그 곳에 몇명의 영능자가 모여 있었다. 특히 나의 어머니는 차원 높은 영능자였다.

나의 연구소에서는 이러한 염력 현상이 마치 일상생활처럼 자주 일어났다. 바로 얼마전 일인데 축전지가 다 되어 문에 열쇠를 걸어논채 방치해 놓았던 자동차의 크락숀이 갑자기 큰 소리로 울린 일이 있다. 이것은 이 자동차 전 주인의 신상에 대한 소식을 알려 준 것이었다.

그런가 하면 새로 바꿔 낀 녹음기의 건전지가 불과 1시간만에 못쓰게 되는 경우도 있었다. 보통이면 계속 10시간에서 12시간을 쓸 수 있는 것이다.

나의 어머니는 얼마 전에 돌아가셨는데 나를 비롯하여 영능력을 가진 사람들이 우리 연구소에는 많다. 한편 온 세계에서 많은 영능자들이 찾아 오기도 한다.

염력 현상을 일으킬 수 있는 최대의 조건이 항상 갖추어져 있는 셈이다. 남편의 전사를 눈이 내린 날 아침 알게 된 A여사의 경우도 A여사 자신에게 어느 정도의 영능력이 있었기 때문이라고 생각된다.

특히 생식 기능이 왕성한 20대는, 성 에너지가 고차원의 영적인 에너지로 전환되어 자기도 모르는 사이에 영능력을 발휘하게 되는 경우가 많다.

이를테면 수많은 기적을 행한 예수는 30세에 십자가를 짊어졌는데, 그가 행한 기적의 전부는 25세에서 30세 전이었고, 불교의 석가모니도 30세가 그 절정이었다.

나는 어머니도 세도나이까이(瀨戶內海)의 이즈시마(小豆島)에 살던 무렵에는 수많은 기적 —— 이를테면 날 때부터 장님이었던 소녀의 두 눈을 뜨게 한다든가 —— 을 보여 주었는데, 이것도 알고 보면 20대 후반에서 30대에 걸쳐 일어난 일이었다.

어쨌든 차단된 것이 분명한 전기회로에 전기가 흐른다든가, 움직일 까닭이 없는 것이 움직인다든가 주위에서 이상한 경험을 가진 분들은 그곳에 누군가 영능력을 가진 사람이 있었다고 생각하면 된다. 혹시 당신 자신이었는지도 모르는 것이다.

심령사진을 찍을 수 있는 영능자

염력 현상이라고 불리워지는 것은 이런 것만이 아니다. 물론 10여년 쯤 전에 일본에 와서 초능력 붐을 불러 일으킨 유리·게라와 같은 스푼을 굽히게 하거나 끊어지게 한 것도 그중의 하나다.

심령사진이라고 불리우는 것도 염력 현상의 하나이다. 살아 있는 인간이나 풍경을 사진에 찍었는데, 그곳에 있을 까닭이 없는 고인(故人)이나, 전혀 낯선 타인의 얼굴이 사진에 나타나는 그런 사진을 말한다.

여기에 실린 것은, 내 수중에 있는 수많은 심령사진 중의 한 장인데, 찍혀져 있는 흰 옷을 입은 인물은 기소(木曾)에 있는 어악산(御嶽山)의 행자(行者)이고 장소는 어악산의 정상이기 때문에 다소 식별하기 어려울지 모르나 흰 옷 입은 행자 모습의 배후에 국민학교 1~2년생 같은 어린이의 모습이 보인다. 흰 태를 두른 학생모자를 쓰고 있다.

사실은 이 사진을 찍은 소화 11년 경, 이 사진에 찍힌 아이는 이미 죽은 아이였다. 흰 옷 입은 행자의 아들인데, 어악산에 올라가는 아버지를 영으로서 동행하였는데, 행자의 영능력으로 물질화 되어 사진에 나타나게 된 것이다.

이와 같이 사실상 눈에 보이지도 않고 사진에 찍힐 까닭이 없는 영에게 물질화 현상을 일으켜 사진으로 찍힐 수 있는 상태도 영능력의 일종이라고 할 수가 있다.

만일 당신 자신이 촬영하거나 당신이 피사체가 된 사진에서 영의 모습이 찍혀진다면 당신은 틀림없는 영능력자인 것이다.

사진에 관해 또 하나 말한다면 염사(念寫)라는 현상이 있다. 본래는 빛이나 방사선에 대해서만 반응이 나타나는 필림에 영의 힘으로 화학반응을 일으키는 능력 즉, 자기의 마음에 그런 이미지가 필림으로 현상(現象)되는 것이다.

일본에서의 염사는 역사가 길다. 소화의 초기부터 도오꾜대학(東京大學)의 후꾸라이 도모끼찌(福來友吉) 박사는 영능자를 통한 실험으로 수많은 염사 사진을 남겨 놓았다. 밀봉된 필림을

세계적인 영능력자들에 의해 촬영된 심령사진

향해 정신을 집중시켜 마음에 그린 글씨나 형상을 보낸다. 영능력이 강하면 강할수록 선명하게 글씨와 모습이 나타난다. 폴라로인 카메라용 필림만 있다면 간단하게 실험할 수 있으므로 한번 실험해 보기 바란다.

2만 킬로 떨어진 사람도 심령 치료가 가능

이제까지 말한 것은 염력 현상(念力現象) 중에서도 비교적 흔한 것이다.

어쩌면 당신이나 당신의 주변에 있는 사람들 중에도 이같은 영능력을 자기도 모르게 발휘하고 있는 사람들이 있을지도 모른다. 아마도 한 두명 쯤은 쉽게 찾아낼 수 있을 것이다.

그러나 이제부터 소개하는 심령 치료나 심령 수술은 좀 다르다. 만일 선천적으로 구비된 영능력으로 그것이 가능한 사람이 있다면 그런 사람은 어디까지나 예외에 속한다.

영적인 에너지를 스스로 조절해서 타인의 아픈 곳이나 질병 부위를 정상화 시키는 것을 심령치료, 메스나 레이저 등을 쓰지 않고 손으로 환부를 절개하여 수술하는 것을 심령수술이라고 하는데 이것은 매우 차원이 높은 영능력자일 때만 가능하다.

역사적으로 유명한 영능자 중에서도 비교적 수많은 기적을 행한 것이 예수 그리스도이다. 장님을 눈뜨게 하고 발이 부자유한 사람을 그 자리에서 걷게 한다. 독자 여러분이 잘 알고 있는 그리스도가 행한 이런 기적들이 곧 심령치료이다.

사실은 내 자신도 지금까지 몇번 심령 치료를 행한 일이 있다.

예를 들면 상당히 오래 전 일인데 밤 9시경 교또(京都)에서 나에게 전화가 걸려 왔다. 아이가 아파서 사흘동안 아무 것도 마시지도 먹지도 못하고 탈수(脫水)증상과 고열로 괴로워 하고 있으니 어떻게 도와줄 수 없겠느냐는 다급한 부탁이었다.

탈수 증상을 일으키고 높은 열이 난다는 것은 매우 위험하다. 나는 최선을 다해야겠다고 다짐하면서 신전(神前)에 기도를 올리고 정신 집중에 들어갔다. 심령 치료란 영능자의 영능력만으로 보다는 오히려 영능자가 신령(神靈)의 힘을 빌려서 행하는 것이라고 할 수 있다.

나도 궁사(宮司)를 맡고 있는 다마미쓰신사(玉光神社)에 모신 신령님에게 힘을 빌려 줍시사고 부탁을 간곡히 드렸다. 신전에서 정신을 집중시키면서 교또 방면을 향해 영적인 에너지를 보냈다.

물론 나는 앓고 있는 아이가 살고 있는 곳을 모른다. 그러나 이런 경우의 영능자는 레이다와 같아서 에너지를 필요로 하는 사람이 사는 곳을 곧 알게 된다.

한동안 여기저기 탐색한 끝에 아이가 있는 곳을 알 수 있었다. 즉 아이에게 정신 집중을 하고 있는 동안에 에너지가 아이에게 통했다. 내가 보낸 에너지가 통한다면 그것으로서 심령 치료는 성공한다.

그후 1시간쯤 지난 밤 10시경 아이의 어머니로 부터 전화가 걸려왔다. 아이가 의식을 되찾아 쥬스를 마셨고, 위기를 모면했다는 보고였다.

이런 경우 물리적인 거리와는 전혀 관계가 없다. 나의 이웃집 이거나 또는 2만킬로 떨어진 지구의 반대편이라도 내가 보낸 에너지가 상대방과 연결만 되면 병은 치료될 수 있다.

사실 그 뒤에도 캐나다로 부터 전화 부탁을 받고 치료해 준

일도 있다.

카나다의 뱅쿠우버에 사는 부인으로 병명은 심장병이었다. 심령수술이 빈번하게 행해지고 있는 곳은 필립핀과 브라질, 멕시코 등이다.

물론 다른 곳에서도 행해지고는 있지만 이 세 지역에 심령수술을 할 수 있는 영능력자가 압도적으로 많다.

세 지역의 공통된 특징은 다같이 화산(火山)이 많고, 특히 지자기(地磁氣)의 가장(磁場)이 강하다는 점이다.

일본은 화산이 많지만 자장의 강도가 이 지역과는 비교되지 않는다. 나도 멕시코에 갔을 때는 심령수술을 할 수가 있었던 것으로 보아 자장이 강하다는 것과 심령수술과는 어떤 관계가 있는 것으로 생각된다. 그러나 자장의 강도와 심령수술의 능력이 구체적으로 어떤 관계에 있는가 하는것은 아직도 분명치 않다. 다만 고차원의 영적 에너지는 빛이나 전자파와 같은 물리적인 에너지로 바꾸기가 쉽다고는 말할 수 있다. 이 점에 대해서는 좀 더 연구를 한 뒤에 다시 기술하려고 한다.

제2부
영능력은 왜 나타나는가?

1. 어떤 때 영능력이 나타나는가?

반쯤 잠이 깬 상태에서 나타나기 쉽다

영능력이 가장 나타나기 쉬운 때는 그 사람이 자연스러운 상태에 있을 때 다시 말해서 어떤 경우인가 하면 멍청한 상태일 때가 많다.

이를 테면 감기에 걸려 몸의 상태가 좋지 않다든가, 정신을 집중시켜 일을 한 뒤 멍청히 있을 때라든가, 혹은 잠들려고 하는 상태일 때 같은 경우이다. 한마디로 말하면, 의식 작용이 약해지고, 육체가 불안정한 상태가 되어 있을 때다.

그와 같은 상태의 가장 전형적인 때가 얕은 잠이 든 상태이다. 일반적으로 잠은 입면기(入眠期) ── 경면초기(輕眠初期), 경면기(輕眠期), 중등수면기(中等睡眠期), 깊은 수면기, 역설수면기(逆說睡眠期)의 5단계로 분류되는데, 수면중에는 이들 중 몇가지 단계가 대개 일정한 주기로 반복되는 것으로 알려져 있다.

예를 들어 밤에 8시간을 잔다면 깊은 수면과 얕은 잠을 몇차례 반복하다. 이 중에서도 영능력과 가장 관계가 깊은 것은 역설(逆說)수면기 단계인데 이 시기의 어떤 사람을 관찰하면 틀림없이 눈을 감고 잠자는 상태인데도 눈알이 전후 좌우로 불규칙하게 움직이고, 뇌파(腦波)의 모습도, 잠들기 시작할 때와 같은 형태를 나타낸다. 심장의 박동과 호흡도 불규칙해지며 피부에 전류가 흐르기 어려운 상태가 특징이다. 결국 의식이 반쯤 눈뜬 상태이면서 이 불규칙적이고 불안정한 상태의 시기가 역설수면기(R·E·M) 이다.

일반적으로 꿈 꿀때가 이 시기인데, 그것은 깨어있을 때에 비해 의식 활동이 약하고, 무의식적인 내용을 받아들이기 쉬운 상태이기 때문이다.

예컨데, 가슴에 손을 얹고 잠 자면 나쁜 꿈을 꾼다고들 한다. 추운 밤 중에 이불을 걷어차거나 하면, 대체로 예외 없이 물속에서 헤엄을 치거나, 물벼락을 맞는 꿈을 꾼다. 이 같은 경험은 누구에게나 흔히 있다.

이 상태는 완전히 의식이 깨어있는 것도, 또 없는 것도 아니다. 그런 상태이므로 가슴에 손이 얹혀 숨이 답답하거나 이불이 벗겨져 추워져도 뚜렷하게 그것을 자각할 수 없다.

그러나 괴롭다거나, 춥다거나 하는 육체적 감각에 대한 정보는 받아들이고 있으므로, 예를 들어, 생매장을 당해 괴로워하고 있다던가 찬 물속에 빠진것과 같이 육체적 감각의 정보가 구체적으로 나타나게 되는 것이다.

이것이 완전히 의식의 활동이 멎은 상태, 예컨데 머리를 맞아 기절했을 때라면, 다소 육체적인 고통이 있어도 이런 반응이 생기지 않는다.

그런데 옛부터 '바른 꿈'과 '반대 꿈'이란 말이 있어 왔다. 꿈에 본 일이 현실로 그대로 현실되거나 멀리 떨어진 곳에서 실제로 일어나는 것과 꿈과 반대로 나타나는 현상이다.

흔히 꿈을 꾼다는 현상은 반각성(半覺醒) 상태의 의식 속에 평소에는 의식력때문에 억압된 무의식에서 부터 정보가 흘러들어가 생기는 현상이라고 할 수 있다. 그러나 이 경우, 무의식의 영역은 그 사람이 이 세상에 태어난 뒤 경험한 영역이므로 극히

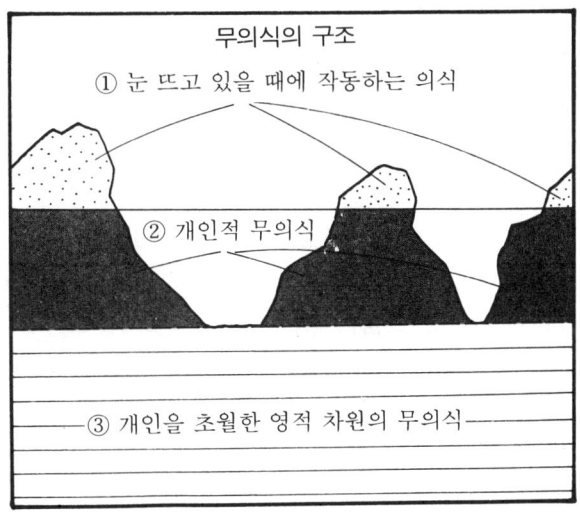

두텁지 않고 얄팍하다. 정보에 있어서도 개인적인 것 뿐이다.

무의식 속에 영적 차원이 있다

그런데 전술한 바와 같이 그 사람의 전생에 관한 정보는 훨씬 깊은 곳에 파묻혀 있다. 가령 의식의 힘이 반으로 감소된 상태에서도 흔히 나올 수 없도록 차단되어 있다.

결국 간단히 '무의식'이라고 해도 개인이 태어난 뒤 형성된 얕은 영역과 말하자면 그 사람이 태어나기 전부터 지속된 깊은 영역이 있는 것이다.

앞에서 말한 꿈이나 '화재(火災)때의 괴력(怪力)'────평소에는 들을 수도 없는 장롱 같은 것을 불이 나자 정신 없이 가볍게 운반하는 현상────따위와 관련되는 것은 얕은 범위에 속한 무의식이다.

심층심리학(深層心理學)이라는 학문을 확립시킨 융(Jung) 박사는 '인간이란 의식의 깊은 곳과 전부가 연결되어 있다. 결국 인류는 모두 공통된 기억을 가지고 있다'고 말하고 있는데, 융박사가 말하는 의식의 깊은 곳이 사람의 전생같은 것과 관련된 영적 부분이라고 할 수 있다.

다시 말해 큰 바다 위에 홀로 떠있는 듯한 섬도 수면 밑의 보이지 않는 부분 아랫쪽은 해저(海底)를 통해 다른 섬들이나 대륙과 연결되어 있다. 바다 위에 보이는 섬의 부분을 잠이 깨어 있을 때 활동하는 의식이라고 한다면, 해면 밑에 숨겨진 부분을 얕은 영역의 무의식[개인적인 무의식], 또 보다 더 아래의 해저에 해당되는 광대한 부분을 영적 차원의 무의식, 혹은 초의식(超意識)이라고 할 수 있다.

그런데 인간의 전생이란 한번으로 끝나지 않는다. 다시 태어나고 죽고 몇차례 이 세상에서 반복되고 있다. 이와 같이 반복을 거듭하는 전생의 기억이 모두 우리 의식 속에 나타난다면 큰 일이다. 정보가 너무 많아 사람은 도저히 살 수가 없을 것이다.

현재 이 세상에 살고 있는 경우, 예를 들어 내장의 기능에 관한 정보가 전부 의식 기구에 들어온다면, 도저히 감당하기 어려울 것이다. 결국 인간의 의식은 생체의 메카니즘에 의해 과잉 정보로 부터 훌륭히 보호받고 있는 셈이다.

그런데 이밖에도, 꿈 이라는 형태로 미래의 일이 예지되거나 투시가 가능하게 되는 경우가 실제로 있다. 독자 여러분 중에도 한번 쯤은 신통하게 맞는 꿈을 경험한 사람이 있을 것이다.

영능력은 정몽(正夢)으로 나타난다

한번이라도 정몽을 꾼 사람이라면 잘 알겠지만 흔히 꾸는 꿈과 정몽과는 분명히 다르다. 어디가 어떻게 다른 것일까?

첫째, 보통의 꿈에는 색채(色彩)가 없다. 이것은 누구나 자기가 경험한 꿈을 생각하면 쉽게 알 것이다. 전체가 단조로우며, 분명하게 색채가 없는 것이 보통 꿈이다. 그러나 정몽에는 현실세계와 마찬가지로 선명한 색채가 있다.

둘째, 정몽의 경우는 사람이나 물체, 풍경 따위의 윤곽이 뚜렷하다. 보통의 꿈은 전체가 분명치 않고 희미하다. 말하자면 핀트가 맞지 않은 사진과 같다. 더욱이 원경(遠景)이나 배경 따위는 거의 나타나지 않는다. 그런데 정몽인 경우는 분명히 잠이 깨어있을때와 마찬가지로 전체가 분명히 보인다.

셋째, 정몽의 경우는 감각적으로도 분명하다. 컵을 손에 들면 분명히 컵과의 감촉, 그 속에 찬물이 있으면 차가운 감촉이 손으로 느껴진다. 그러나 보통의 꿈이라면 물체를 만지거나 잡아도 분명한 중량과 촉감을 느낄 수 없다.

무슨 뜻이냐면 일반적으로 꿈은 개인적인 사건이고 무의식 속에 간직된 한번 만졌을 뿐이라는 그런 기억 같은 것이 수면중에 떠오르기 때문이다. 그러나 미래를 예지하거나 먼 곳에서 생긴 사건을 알 수 있는 정몽(正夢)이 매우 뚜렷한 것은 영적인 차원에서 잠을 깬 초의식이 보이거나, 접촉한것이기 때문이다.

이와 같이 색깔과 형태가 선명하고 촉감도 확실한 꿈을 잘 꾸는 사람은 보통 사람들보다 많이 정몽을 꾸고 있는 것이 된다.

정확히 맞는 꿈을 꿀 때, 즉 다시 말해 자연적으로 영능력이 발휘되는 상태에서는 반드시 의식 작용이 약해져 있다.

반대로 말하면, 역설수면기(逆說睡眠期)에 꾸는 정몽과 같이 의식의 활동이 약해졌을 때 이외에는 영능력이 나타나지 않는다. 그렇다면 염력은 어떻게 되는가? 염력이란 의식으로 무엇을 염원함으로써, 그 무엇을 실현시키는 것이다. 그렇다면 의식이 약해졌을 때 이외에 영능력이 작용하지 않는다면 염력은 불가능하게 된다.

이 문제를 해결하는 열쇠가 인간 존재의 다중성(多重性), 즉 육체를 가진 인간은 동시에 영적인 존재이기도 하다는 것에 있다.

정몽에 대해서만 말한다면 육체적 차원의 의식이 약해져 있을 때, 영적인 차원의 무의식 즉 초의식(超意識)이 눈 뜨고 그것이 시간과 공간을 초월한 세계를 볼 수 있는 것이다. 이 초의식의 각성이야 말로 바로 영능력의 발현(發現)이다.

결론적으로 사람에게는 육체적 차원의 존재 이외에 영적 차원의 존재가 있고, 평소에는 육체적 차원의 의식이나 무의식에 의해 완전히 차단되고 있다. 그런데 역설수면기와 같이 의식력이 약해지고 있을 때에만 초의식이 눈 뜨면서 정몽(正夢)이라는 자연 발생적인 영능력이 나타나는 것이다.

그러므로 인간 존재의 다중성을 이해하는 것이, 많은 수수께끼를 푸는 열쇠이며, 영능력의 개발에 있어서 중요한 것이다.

2. 영능력은 생활양식에서 달라진다

어째서 지역에 따라서 영능력이 틀리는가?

사람은 누구나 영능력자가 될 수 있는 가능성을 지니고 있다. 그러나 필자의 견해로는 그 사람이 사는 지역에 따라 발휘되는 영능력에 어느정도 차이가 있는 것 같다.

이를 테면 서양에서는 과학이 발달되었으나, 동양에서는 발달되지 못하였다. 서양에는 포르터 가이스트(시끄러운 유령)라는 소란스러운 염력 현상이 흔히 일어나는데 동양에서는 별로 없다. 포르터 가이스트란 오카르트 영화 같은 데 흔히 나오는 유령 저택과 같이 집 전체가 진동하거나 가구가 공중으로 날은다던가 하는 심령 현상을 말한다.

또는 필리핀의 산악 지대 같은 곳에서는 심령 수술을 하는 능력자가 배출되고 있는데 일본에서는 극히 드물다. 인도에서는 전생(轉生)의 실례가 많이 보고 되고 있는데 다른 지역에서는 그렇지 못하다. 이같이 지역에 따라 여러 가지 차이가 나타난다. 이같은 차이가 생기는 원인에 대해 필자는 다음과 같이 생각한다.

예를 들면, 유럽에 많은 포르터 가이스트가 일본을 포함한 동 아시아 지역에서 적은 것은 생활 양식의 차이에서 오는 것으로 생각된다.

다시 말해서 일본을 포함한 동 아시아 지역은 온대 혹은 아열대인 몬순지대 기후에 속해 있다. 이 지역에서는 년간 비가 자주

오고 따라서 땅도 비옥하며, 옛부터 농업이 발달되어 왔다.

이런 지역의 사람들은 일정한 거주지가 있고 대부분 농업에 종사하면서 기후에 의해 영향을 많이 받아 있다. 그러므로 자연과 융화되어 자연과 함께 생활하게 된다. 그래서 자연과 일체가 된다는 사고방식이 발달되었다.

이런 나라에서는 음식이 거의 식물성이었다. 섬유질이 많은데도 많이 먹으니까 위장과 같은 내장기관이 발달되었고 부지런히 활동했다.

한편, 서양 특히 유럽 각국은 비옥한 땅이 별로 없다. 독일 같은 곳은 빙하의 흔적이 있는 황무지, 농작물이라고는 감자 정도였다.

또한 그리스도교의 발상지인 파레스티나 지방을 비롯하여 아랍과 이집트 같은 곳은 사막국가이다. 이런 지역에서 발달하는 것은 농업이 아니라 목축이다. 주민들도 유목민이나 수렵민족이 되어 산과 들에서 동물을 노획하여 생활했다.

목축 생활을 하게 되면, 골격근(骨格筋)과 심장이 발달된다. 손 발의 골격근이나 심장 기능이 활발하지 못하면 동물을 추격하여 잡을 수 없기 때문이다.

생활양식에서 영능력은 다르다

아시아와 유럽의 이와 같은 생활 양식 차이는 100년이나 200년의 짧은 기간에 걸친것이 아니었다. 아마 인류가 시작된 이래 계속되었다고 할만큼 오랜 기간이라고 할 수 있다.

이 같은 여러 가지 조건 등이 영능력에 차이를 가져 왔다. 필자는 이렇게 생각하고 있다. 다시 말해서 아시아 사람들은

한군데서 정착하고 식물성 음식을 먹으며, 위장의 기능을 발달시켜 왔다. 그렇게 되면 나중에 자세히 말하겠지만, 소화기관과 균형을 이루는 마니푸라·챠쿠라라는 우주 생명에너지의 집결체 기능이 왕성해지면서 자연에 대해 눈뜨게 된다.

우리 인체의 이 부분이 개발되면, 몇 만키로 떨어진 곳의 물체가 보이기도 하고 미래를 예언할 수도 있게 된다. 그래서 아시아에 예언자나 투시 능력을 지닌 영능력자가 많이 타나나는 것이라고 생각이 된다.

마찬가지로 오랜동안 수만 년에 걸쳐 산과 들을 달리며 심장 기능을 발달시켜 온 유럽 사람들은 심장과 균형을 이루는 아나하다·챠쿠라가 눈 뜨기 쉽다. 이 챠쿠라가 눈 뜨면 염력(念力) 능력을 가진 영능자가 많이 나타난다는 것이다. 서양의 오카르트 영화에서 상식을 초월하는 현상이 나오는데 대개 꽃병이 날으거나 유리가 깨지거나 하는 염력 능력이 나타난다.

다시 말하면, 소화기에 대응하는 챠쿠라인가, 심장에 대응하는 챠쿠라인가, 이중에서 어떤 챠쿠라가 개발되느냐에 따라 나타나는 영능력도 달라진다. 그런데 이 챠쿠라라는 기관은 누구나가 쉽게 볼 수 있는 것이 아니다. 그것은 영적인 차원에 존재하는 것이기 때문이다.

생활 양식의 차이는 종교나 과학의 발달에서 나타난다. 같은 종교지만 기독교와 동양의 불교는 엄연한 차이를 엿볼 수 있다.

이를테면 기독교에서는 하나님과 인간이 대립적인 관계에 있다. 대립이란 말에 거부감을 느낀다면 하나님과 인간과를 전혀 다른 존재로 본다는 뜻이다. 인간은 하나님이 결코 될 수 없는 존재이다.

이와는 달리 불교에서는 인간도 부처가 될 수 있다고 가르친다. 부처와 인간 사이에 대립관계가 없다.

이와 같이 대립시켜서 사물을 보는 견해는 근대 과학의 기본이기도 하다. 또한 일치 혹은 합일이라는 사고 방식은 종교의 기본이다. 이점에서 서양에서는 자연과 대결할 수 밖에 없었던 인간 생활이 과학을 만들었으며 발달시켰다고 말할 수 있다.

심령 치료는 어째서 미개지(未開地)에서 많은가?

또한 심령 치료나 심령 수술을 할 수 있는 사람이 많은 곳은 대개 미개한 곳이다. 교통 기관도 발달되지 못했고, 가난하고 원시적인 생활을 보내고 있다. 물론 그곳에서는 의학의 혜택을 받기도 어렵다. 그러나 그런 곳에서도 사람들은 병에 걸리고 다치기도 한다. 누군가가 어떤 수단으로 그것을 치료하지 않으면 안된다.

이같은 미개지에서는 신령(神靈)이 병을 치료할 수 있는 능력을 사람들에게 준다. 이것이 심령 치료, 이른바 신령(神靈)치료나 수술이다. 신의 힘을 빌어서 하는 인간의 의료술(醫療術)이라고도 할 수 있다.

요컨데, 사람들이 필요로 하는것과 고차원적인 에너지로 전환될 수 있는 지자기(地磁氣)의 강도(强度) 차이가 심령 치료나 심령 수술을 할 수 있는 능력의 다소를 결정한다고 할 수 있다.

더구나 이렇듯 신령(神靈)이 존재하고 인간의 마음이 신쪽을 동경하고 있는 곳, 즉 인도같은 곳은 종교적인 분위기, 다시 말하면 인간의 마음과 신령이 서로 조화된 상태에 있다. 그래서 이런 곳에서는 이를테면 전생(前生)의 기억과 같은 영적 차원의 능력이 나타나기 쉽다.

다이어먼드는 탄소의 순수한 결정(結晶)이지만 초고온(超高溫), 초고압(超高壓) 상태를 거치지 않으면 탄소가 결정을 만들지 못한다.

이와 마찬가지로 종교적 분위기라는 상태가 전생의 기억을 되살리는 결과를 만들기 쉬운 것이다.

3. 영능력은 이렇게 발휘된다

영능력을 의식적으로 끌어낸다

지금까지 설명했듯이 누구나 우연한 순간 영능력이 떠오른 경험이 한 두번은 있을 것이다.

무심히 말한 일이 바로 그 직후에 현실로 일어나기도 하고 말로 표현하지는 않았으나 예감이 적중할 때도 있다. 정몽(正夢)같은 것도 영능력의 일부인 것이다. 그러나 이런 현상은 대부분 사람이 선천적으로 갖고 있는 평균적 영능력이 우연히 나타난 것이라고 생각된다. 대부분은 의식이 반각성(半覺醒) 상태에서, 그 의식의 바닥에 잠자고 있던 영적인 초의식이 순간적으로 작용했기 때문이다.

이같은 영능력은 자기 혼자 발휘하려고 해서 나타나는 것은 아니다. 오히려 아무 생각도 마음 속에 없는 무심한 상태일 때 나타난다. 그러므로 스스로도 나중에 되돌아보고 그 때 이상한 일이 있었다는 것을 알게 된다. 그러나 이 정도로는 일반적으로 영능력자라고는 부르기 어렵다. 영능력자란 자기에게 잠재된 영능력을 자기 힘으로 개발하여 발휘할 수 있는 사람이다.

그러나 그 중에는 선천적으로 강력한 영능력을 지니고 있으면서도 이것을 모르는 사람도 있다. 본인은 알지 못하지만, 생각하는 일과 말하는 것이 주변 사람들이 볼 때는 현실성이 없다고 생각될지 모르나 차례로 실현되는 그런 사람이 있는 것이다.

그런데, 필자는 앞에서 선천적으로 약간의 영능력 밖에 갖지 못한 사람일지라도 영능력자가 될 수 있다고 말했다. 뜻밖의 우연이 아니라 자기의 의지로 벽 저쪽을 투시하거나 손을 대지 않고 물건을 움직일 수 있는 것이다.

이렇게 필자가 말해도 독자들의 대다수는 영능력이 현실에 있고 영능력자도 실재하는 것을 인정하지만, 그런 것들은 태어날 때부터 갖추어진 기적적인 힘이기 때문에, 자기와는 전혀 관계가 없다고 생각할지도 모른다. 그것은 황색인종이 결코 백인이나 흑인이 될 수 없듯이 보통 사람과 영능력자와의 차이도 태어나면서 정해져 있다고 믿기 때문이다. 그러나 그것은 잘못된 생각이다.

틀림없이 필자도 필자의 모친도 또는 지금까지 언급한 투시 능력자나 예지 능력자들도 선천적으로 영능력이 높다고 말할 수 있고, 그것은 사실이다. 그러나 한편으로 필자는 극히 평범한 보통 사람을 대상으로 영능력을 개발하는 훈련을 지도하고 있다. 그들이 그 수행 훈련을 수개월, 1년, 2년쯤 계속하면 정도의 차이는 있지만 누구나 영능력의 발휘가 가능하다. 이것도 또한 사실이다.

우주에는 에너지가 충만되어 있다

대부분 독자들은 알지 못하고 있겠지만 이 우주에는 에너지가 충만되어 있다. 여기에서 말하는 에너지란 태양에너지나 원자력 에너지 같은 것이 아니다. 그와 같은 에너지는 물리적 차원이므로 발전이나 난방에 이용되고 식물을 자라게 할 수 있다.

필자가 말하는 것은 온 우주에 편재하여 사람도 포함한 만물을 생존하게 하는 생명 에너지를 뜻한다. 즉, '프라나·에너지'

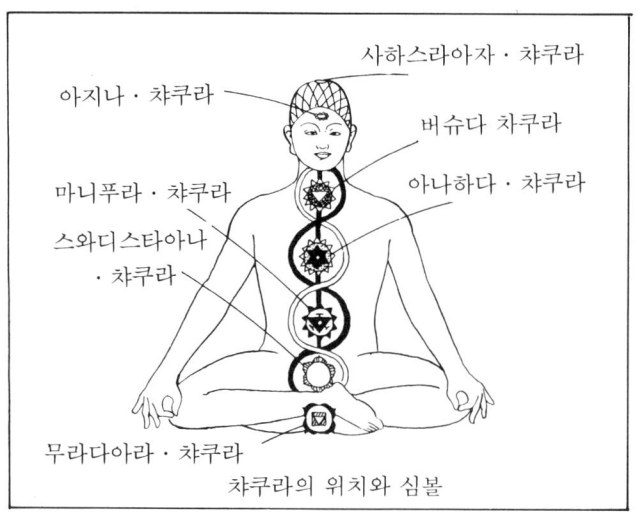
챠쿠라의 위치와 심볼

를 말한다. 이 에너지는 오로지 영적 차원의 인간이 개재될 때만 확인되며, 그 힘은 무한하다.

그러나 사람이라고 해서 누구나가 에너지를 자유자재로 활용할 수 있는 것은 아니다. 이 우주의 생명 에너지를 대량으로 끌어 들이기 위해서는 어떤 특별한 방법이 있는데, 연속적인 훈련에 의해 영적인 차원에 눈뜨게 되고, 필요에 따라 활용할 수 있는 것이다. 그리고 그 훈련 방법을 공개하려고 하는 것이 이 책의 발행 목적이다. 그 이유는 생명 에너지를 자유롭게 또 대량으로 활용할 수 있다면 당신도 영능력자가 될 수 있기 때문이다.

그러면 어떻게 생명 에너지를 끌어 들여 활용할 수 있는가?

이를테면 인간이 살아 가려면 공기와 음식이 필요하다. 공기를 몸 안에 흡수하는 것은 폐(肺)이다. 음식을 흡수하는 것은 위장 등 소화 기관이다. 즉, 공기나 음식을 받아 들이기 위해서는 폐와 위장 등 고유의 기관이 필요하다. 이 일을 알지 못하는 사람은 없을 것이다. 사람이 살기 위해서는 절대로 필요한 생리적 활동이기 때문이다.

우주에 있는 에너지를 사람의 몸 안에 끌어 들여 집중시키기 위해서도 몇 개의 고유한 기관이 있다. 그러나 많은 사람은 그 존재를 모르고 있으며, 알려고도 하지 않는다. 무슨 뜻이냐 하면 보통 사람들이 영(靈)의 세계를 인식하는 일은 거의 불가능하기 때문이다. 그러나 사실상 누구에게나 우주의 생명 에너지가 몸 안에 들어가 활동하고 있다. 그것은 그 물리적 차원으로 나타나는 기(氣) 에너지의 활동을 어떤 사람도 측정할 수 있기 때문이다. 또한 이 기(氣) 에너지 없이 마음은, 마음의 활동을 할 수 없다. 영능력자란 이 기(氣) 에너지와 높은 차원으로 나타나는 모습인 생명에너지(푸라나)를 보다 많이 끌어 들여 활용할 수 있는 사람을 말한다.

또 의사도 없는 미개한 후진국에서는 심령 수술이 없어서는 안되듯이 이 프라나·에너지를 끌어 들여 영능력을 높이지 않으면 곤란한 경우가 있다. 예를 들면, 현대 의학에서 버림받는 병자들이나 전생과의 인연때문에 저주 받고 있는 경우 등이다. 이와 같은 사람들은 현대의학과는 차원이 다른 방법으로 밖에는 구원을 받을 수가 없기 때문이다.

우주 에너지를 어떻게 끌어들이나?

우주에 충만한 '프라나·에너지'를 몸안에 끌어 들여 집중시키는 기관은 정해져 있다고 앞에서 말했다. 그것은 영적 차원인 인간의 몸(유체)에 존재하는 산스크리트말로 '챠쿠라'라고 불리우는 곳이다. 생명 에너지를 집결시키는 챠쿠라는 사람의 몸에 일곱 군데가 있다. 그들 챠쿠라중 어느 챠쿠라가 가장 활발히 활동을 하느냐에 따라 영능력이 나타나는 방법도 달라진다.

어느 챠쿠라가 작용할 때, 어떤 영능력이 발휘되는가? 이제부터 간단히 7개의 챠쿠라를 설명하고저 한다.

① 무라다아라·챠큐라 : 미저골(尾骶骨)의 끝에 있고, 여기에 근원적인 생명력 군다리니가 잠자고 있다. 이것이 개발되면 기력(氣力)이 충실하고 마음을 조절할 수 있게 된다. 이 군다리니와 우주의 생명 에너지가 각각의 챠쿠라에서 합류되면 챠쿠라가 잠을 깨고 영능력을 발휘하게 된다.

② 스와디스타아나·챠쿠라 : 배꼽 아래 약 5센티에 있고, 이것이 작동되면 자연 발생적으로 투시나 염력이 발휘 된다.

③ 마니푸라·챠쿠라 : 명치와 배꼽과의 중간에 있고, 이곳이 활발해지면 테레파시, 투시력, 천리안이 발휘된다.

④ 아나하다·챠쿠라 : 심장의 위치에 있고, 강력한 염력으로 물체를 이동시키거나, 혹은 자기의 소망을 실현시킬 수 있다.

⑤ 비슈다·챠쿠라 : 목 부위에 있고, 이곳을 눈 뜨게 하면 영청(靈聽)이라고 하여 지금까지 들리지 않았던 것도 듣게 되고 또 심령 수술도 가능해진다.

⑥ 아지나·챠쿠라 : 미간(眉間)에 있고, 이곳의 작용이 활발해지면 그때까지 희미하게 보였던 신령(神靈)의 세계가 분명하게 보인다.

⑦ 사하스라아라·챠쿠라 : 머리의 꼭대기에 있고 이 챠쿠라가 활발해지면 자기의 영이 육체에서 자유롭게 빠져나갈 수도 있을 뿐 아니라 순간적으로 어느 곳이나 갈 수 있다. 또 모든 불가능이 가능해 진다.

이상 말한 일곱 가지는 옛부터 요가의 행법에 의해 사람의 영적 에너지를 발휘시킨 장소이기도 하고, 또한 영적인 것을 주관하는 부위이기도 하다. 그리고 ①에서 ⑦로 진행됨에 따라 챠쿠라의 위치는 몸의 아래에서 위로 올라가는 동시에 점차 영적인 그리고 물리적인 차원에 영향을 주는 능력도 고차원으로 향상된다.

4. 공중에 떠오르고 전생(前生)도 볼 수 있다

잠자고 있는 힘을 어떻게 끌어내는가?

앞에서 영능력의 우리 몸에 끌어들이는 포인트는 누구에게나 있는 일곱 군데의 챠쿠라라고 말하였다. 그 포인트를 눈 뜨게 하면 필자가 지금까지 기회있을 때마다 말한 영능력을 당신 자신이 발휘할 수 있게 된다.

예를 들면 당신의 몸이 공중에 뜨거나 소리를 내지 않고도 남과 이야기를 할 수 있고, 몇천킬로 떨어진 곳의 풍경이 눈 앞에 보이며, 또 염력을 보내 남의 병을 치료할 수 있게 될 것이다.

이와 같은 영능력을 발휘하게 하는 챠쿠라를 눈 뜨게 하는 방법을 이제부터 기술하려고 하는데, 물론 이와 같은 일은 하루 아침에 성취되는 것이 아니다. 처음 시작한다면 극히 초보적인 훈련에서 부터 점차 기본적인 단계를 거쳐야 되고, 최소한 6개월은 필요하기 때문이다.

그 구체적인 훈련 방법은 제3장 이후에서 다루기로 하고 여기서는 우선 어떻게 몸의 각 부분이 포인트, 다시 말하면 챠쿠라를 눈 뜨게 할 것인가를 기술하기로 한다.

이를테면, 사람은 의식하지 않아도 호흡할 수 있다. 만일 의식하지 않고서 호흡할 수 없다면 잠시도 잠잘 수 없고, 혹 실수로 잠이 들었다면 그야말로 곧 질식사(窒息死)를 면하기 어려울 것이다. 그러나 활발하게 호흡하고 몸 구석 구석의 세포까지 자극시켜 활성화 시키기 위해서는 의식적으로 심호흡을 하거나 배의 근육을 움직이는 복식 호흡이 필요하다.

우주에 충만한 '프라나 에너지'를 계속 몸 안에 끌어 들여 잠자고 있는 근원적 생명력인 군다리니를 불러일으키기 위해서도 역시 적극적으로 몸의 각 부위를 활성화 시켜야 된다.

그 구체적인 방법은 훈련 체조와 호흡법인데, 가장 중요한 것은 에너지를 흡수하는 챠쿠라에 의식을 강력하게 집중시켜 우주의 생명 에너지와 군다리니를 합류시키는 일이다. 예를 들어 탁자 위의 컵을 움직이려면 강력한 염력 능력을 관장하는 챠쿠라가 있는 심장 근처에 의식을 집중시켜야 한다. 또 심령 수술을 하려는 사람이라면 심장 및 목 부위에 챠쿠라에 대한 의식 집중이 필요하다.

정신 집중이 필요한 이유는 정신 집중에 의해 끌어 들인 우주의 생명 에너지와 군다리니를 각각의 챠쿠라에서 합류시킬 수 있기 때문이다. 챠쿠라에 의식을 집중시키면 그 부분은 지금까지의 잠에서 눈을 뜨고 활성화 되어 영능력이 당신에게서 발휘되기 시작한다.

몸이 공중에 뜨는 것을 경험할 수 있다

필자 자신이 수행하던 중에 체험한 것인데, 미저골(꼬리뼈) 근처에 의식을 강하게 집중시켰을 때, 몸이 2~3센티 정도 위로 떠오른 일이 몇번 있었다. 앞에서 말한 무라다아라 챠쿠라가 잠을 깨면서 공중으로 붕 떠오른 것이다.

필자의 모친의 경우는 극히 뛰어난 영능력자였으나 젊었을 무렵에 물 위에 꼿꼿이 서 있을 수 있었다. 성경에도 그리스도가 물 위를 걸어서 건넜다고 기록하고 있는데, 이것도 역시 공중부유(空中浮游)의 한 현상일 것이다.

이와 같이 완전히 떠오르지는 않더라도 몸이 가벼워져 동작이 편할 때가 있다. 필자 자신도 옛날 고오야산(高野山)에서 4키로의 산길을 불과 15분에 걸을 수 있었다. 일반적으로 1시간 정도의 거리이므로, 4배 빠르게 걸을 수 있을 만큼 몸이 가벼웠다.

그러나 훈련을 시작한 사람은 아무리 미저골의 챠쿠라에 의식을 집중시켜도 몸이 공중에 뜨거나 가벼워졌다거나 하는 체험을 갖기 어렵다. 그렇지만 육체를 남겨둔 채, 의식이 공중으로 떠오른 것처럼 느낄 수는 있는 것이다.

또 한가지, 감정적으로는 마음이 폭발하듯 격렬하게 움직일 수도 있다. 선천적으로 영능력이 강한 사람 중에는, 미친듯이 심하게 성내거나 기쁨을 광난적으로 표현하는 사람이 있는데, 그것은 이 미저골 근처에 있는 무라다아라·챠쿠라가 원래 활발하기 때문일 것이다.

태어나면서 부터 직감력이 날카로운 사람이 있다. 잠시 얼굴을 마주보고 이야기를 하면 상대편의 이야기 내용뿐만 아니라 감정, 계획같은 것을 정확하게 짐작하고 읽을 수 있다. 눈 앞에 있는 것 뿐만 아니라 보이지 않는 배후 관계, 옆방의 모습까지도 손바닥 보듯이 환히 알게 된다.

이와 같은 사람은 대부분의 경우, 관찰력이 예민할 뿐만 아니라 다른 사람이 잘 듣지 못하는 소리나 아주 조용히 움직이는 공기의 흐름까지도 느낄 수 있을 만큼 감각이 예민하다.

이 경우 그것을 영능력이라고는 말할 수 없으나 반대로 영능력자라면, 그정도 섬세한 감각을 지닐 수 있다.

그런데, 실제 경험으로 알겠지만 훈련 도중에 의식을 이 미저골의 챠쿠라에 집중시키면 성욕이 매우 왕성해진다. 그러나 실제적인 쎅스는 금물이다. 그 이유는 훈련에 의해 흡수한 에너지는 영능력을 얻기 위한 것이므로 쎅스를 위해 소비해서는 안 되기 때문이다.

5. 투시(透視)·염력(念力)·영청(靈聽)이 가능하다

자연스럽게 투시할 수 있다

　두꺼운 벽을 사이에 두고 있는 저쪽 방 사람의 모습을 알거나 하는 것이 투시인데, 이런 능력은 정도의 차이는 있지만, 누구나 가지고 있을 수 있다. 말할 것도 없이 전혀 무(無)에 가까운 사람도 있겠고, 비교적 정확히 투시하는 사람도 있다.
　그와 같이 사람에 따라 다른 투시 능력을 손쉽게 테스트하는 방법이 있으므로 당신도 한번 시도해 볼 필요가 있다.
　우선 조오카를 뺀 52매의 트럼프를 준비한다. 사실은 투시력 테스트용의 카드가 있지만 여기서는 편의상 트럼프를 쓰기로 한다. 52매의 카드를 잘 혼합시키고 엎은 채, 위에 있는 한장을 집어 앞을 보지 않고 마크를 맞추는 것이다. 스패드, 크로바, 다이아, 하트의 네가지 중의 어느 것인가를 알아 맞추는 것이지만, 한장씩 확인하는 게 아니라, 스패드면 스패드라고 생각한 카드를 왼쪽에 놓고, 크로바이면 크로바라고 생각한 카드를 그 바로 오른 쪽에 포갠다는 식으로 하여 넷으로 분류하는 것이다.
　52매의 카드를 모두 다 분류하면 맞춘 카드가 몇장 있었나를 가르쳐 준다. 스패드를 포갠 카드 가운데, 실제로는 스패드가 4매 있고 크로바의 자리에 크로바가 3매 다이아에는 2매, 하트에는 5매, 이렇게 카드를 맞췄다고 한다면 그들의 매수는 합계하여 14매가 정답이다.

확률적으로 계산하면, 아주 멋대로 분류했을 경우의 정답수가 13매이므로, 14매라는 숫자는 엉터리로 분류한 경우에 가깝고 투시력은 거의 작동하고 있지 않았다고 하여도 좋을 것이다. 이것을 4~5회 반복한다.

만약 정답의 평균이 20매를 넘고 있다면 우연 이상의 것이고 투시력이 작동하고 있었다고 말할 수 있을 것이다. 그러나 오해해서는 안될 것은 이렇게 카드를 사용한 테스트를 몇 10회 몇 100회 반복해도 투시력이 생기는 것은 아니라는 사실이다.

이 투시력과 관계가 깊은 곳이 배꼽 아래 5센티에 위치한 스와디스타아나·챠쿠라이다. 그러나 이 챠쿠라가 눈을 떠 생기는 투시력이나 테레파시는 어디까지나 자연 발생적인 것에 불과하고 자유롭게 조절할 수 없다.

투시력을 자유롭게 조절하기 위해서는 명치와 배꼽 중간에 있는 마니푸라·챠쿠라를 눈 뜨게 해야 한다. 그 곳에 강력히 의식을 집중시키는 것인데, 구체적인 방법은 나중에 차차 설명하기로 한다.

투시력이 생기면 의식적으로 투시력이나 텔레파시도 활용할 수 있다. 특히 남의 감정을 정확하게 알아낼 수 있다.

필자의 모친을 예로 들어보자. 항상 겉보기에는 온화하고 차분해 보이는 신자가 있었는데, 모친은 강한 살기(殺氣)를 느낀 일이 있었다. 투시하여 보니 품안에 한 자루의 단도가 보였다. 그래서 모친은 그를 본당으로 불러들여 이야기를 들었는데, 오랫동안 원한을 품어 온 상대를 지금부터 죽이러 갈 예정이고, 그 일이 잘 되도록 참배를 하고 있던 참이었다고 했다. 말할 것도 없이 모친은 조용하게 타일르고, 범행을 중지시켰다고 한다.

비슈다·챠쿠라　아지나·챠쿠라　사하스라아라·챠쿠라

마니푸라·챠쿠라　아나하다·챠쿠라

일곱개의 챠쿠라의 심볼

무라다아라·챠쿠라　스와디스타아나·챠쿠라

어떤 소망도 이룰 수 있는 힘이 생긴다

  세상에는 흔히 강한 운을 타고 났다고 하는 사람들이 있다. 주변 사람들이 거의 실현 불가능하다고 생각되는 일도 그 사람은 성취한다. 그런 경우, 본인의 재질이나 노력만의 결과가 아니고, 뜻하지 않게 도와 주는 사람이 나타나거나, 아주 드문 우연이 몇번 중첩되므로, 남이 보기에 마치 호박이 넝쿨채 굴러온다는 그런 위력(威力)이 나타난다.

  필자에게도 이런 일이 있다.

  예를 들면, 오다와라(小田原) 시내의 내후가와(根府川)라는 곳에서 필자는 도장을 개설하고 강습회에서 지도를 하고 있지만, 그곳의 대지는 5천평이다. 그 중에서 1천평 정도는 깊은 골짜기였다.

　강습회에는 승용차로 오는 사람도 많으므로 이 골짜기를 매립하여 주차장을 만들면 대지를 충분히 활용할 수 있다. 그러한 방법을 곰곰히 생각해 보았으나 제대로 매립하려면 막대한 비용이 든다. 어떻게 하나 하고 생각중이었는데, 가까운 공사 현장에서 나온 폐토를 버릴 곳이 마땅치 않아 고민중이므로 이 골짜기에 버리면 안되겠느냐고 의논하여 왔다. 이쪽 형편으로는 더할 나위없이 고마운 이야기였다. 말할 것도 없이 승락했다.

　수백 번 덤프차가 흙을 실어와서 골짜기는 폐토로 메꿔지고 결국 400평 가량의 주차장이 확보되었다. 이만한 공사를 하려면 1억엔은 필요했을 것이다. 그것이 정말 한푼 안든 공짜며, 더욱이 상대방도 폐토의 처리가 잘 되었다고 좋아하였으니 그야말로 누이 좋고 매부 좋은 격이었다.

　이와 같이 자기의 소원을 실현시켜 가는 영능력을 눈뜨게 하기위해서는 우주의 에너지를 심장 근처에 있는 아나하타·챠쿠라 라는 곳에 흡수하고 동시에 쿤다리니에 합류시켜 그것을 활성화시키면 가능하다. 이 챠쿠라를 눈 뜨게 하면, 소망이 스스로도 믿기 어려울 만큼 척척 이루어진다는 효과 이외에도 무(無)에서 유(有)를 만드는 기적(奇蹟)도 실현시킬 수 있다.

　이를테면 수많은 그리스도의 기적 가운데 수천명의 민중에게 불과 몇사람이 먹을 수 있는 빵과 두 마리의 물고기를 골고루 나누어 배불리 먹였다는 기록이 있다.

　이것은 비유나 상징이 아니라 실제로 일어날 수 있는 일이다. 그리스도는 자기가 지닌 영능력으로 정말 빵과 생선을 만들고 수천명의 민중은 실제로 그것을 먹을 수 있었던 것이다.

심령 수술로 암도 완쾌될 수 있다

그 옛날 피다고라스는 '천체(天體)는 모두 음악 소리를 내고 있다'고 말했지만 이 말을 단순히 비유나 시적(詩的)인 표현이라고 생각하지 말기 바란다. 피다고라스는 보통 사람이 들을 수 없는 천체가 내고 있는 소리를 실제로 들을 수 있었던 것이다.

그와 같은 사람은 또한 '신의 계시'같은, 이 세상에는 존재할리 없는 목소리도 들을 수 있다. 이것을 영청이라고 하는데, 우주에 존재하는 생명 에너지를 목 위치에 있는 비슈다·챠쿠라 라는 부위에서 쿤다리니에 합류시킴으로서 이 능력을 얻을 수 있다. 이른바 영계와 교신이 가능해지는 것이다. 또한 이러한 영능력자는 심령 수술을 할 수 있는 힘도 있는 것이다.

영능력으로 병을 고치는 것에는 심령 치료와 심령 수술의 두 가지 형태가 있다. 심령 치료란 예를 들면 머리가 아프거나 팔을 움직이지 못하는 그런 사람에게 영능력자가 그의 머리나 팔에 살며시 손을 접촉하므로서 이윽고 병이 완치되는 것이다.

한편 심령 수술은 필리핀 같은 곳에서 흔히 볼 수 있고 여러 번 TV에서 취급한 적이 있으므로, 아는 분도 많으리라고 생각되는데, 메스나 펀세트를 일체 쓰지 않고 손만으로 외과적 수술이 가능하다.

물론 마취도 할 필요가 없다. 지금 까지 보고된 예로는 주로 피부의 표면 근처에 생긴 종양(腫瘍)을 제거하는 것이지만 위암이나 간장암도 수술한 경우가 있다.

심령 치료와 심령 수술을 비교하면, 역시 심령 수술이 차원 높은 영능력을 더 필요로 한다.

 이와 같이 영청을 들을 수 있고 심령 수술도 할 수 있는 사람은 우주의 생명 에너지를 동시에 끌어들여 그것을 물질화 하고, 자기 육체에 동화(同化)시킬 수 있다. 무슨 뜻이냐면 2~3일 정도 단식하는 것은 말할 것도 없고, 공기만으로 2주일 쯤은 전혀 마시지도 먹지 않아도 건강을 유지할 수 있다.

 이 정도까지 영능력을 발휘하려면 타고난 소질 뿐만 아니라 고되고 힘든 훈련이 필요한 것은 말할 필요도 없다.

6. 온갖 영능력을 갖추게 되면 어떻게 되는가?

영능력으로 머리도 좋아진다

　이제까지 말한 영능력은 몸이 공중으로 뜨고, 영청(靈聽)을 들을 수 있으며, 혹은 투시·예지·심령 수술 같은 물리적 차원에서의 초상현상(超常現象)이 중심이었다. 말하자면 자기 육체를 자유롭게 조종하거나 자기 이외의 남을 콘트럴하는 것이므로, 물론 영능력자 자신의 차원이 높지 않으면 할 수 없는 것이다.
　영능력을 지닌 사람이나 영능력자가 되기 위해 훈련을 거듭하고 있는 사람은 보통 사람과는 비교할 수 없을 만큼 강인한 정신력과 풍부한 발상, 명석한 두뇌, 예민한 감성을 모두 갖추고 있다.
　그러나 영능력자의 영적 차원을 더욱 높여, 신적(神的) 존재에 가까워지려면 양 미간(兩眉間) 위에 있는 아지나·챠쿠라를 눈 뜨도록 개발해야 된다. 그러기 위해서는 우주에 있는 프라나 에너지를 흡수함과 동시에 미저골(尾骶骨) 끝에 있는 쿤다리니를 아지나 챠쿠라까지 상승시켜, 여기에서 합류시키지 않으면 안된다.
　이 챠쿠라는 인간의 정신 활동을 관장하는 뇌와 가장 가까운 곳에 있으므로, 이것이 눈을 뜨면 정신 세계가 눈부시게 비약적으로 개발된다. 즉 최고 수준으로 영능력이 개발되는 것이다.

여기에서 아지나라는 말은 산스크리트 말로 '명령' 또는 '지령'을 뜻하고 있다. 그런데 이 차원 수준의 인간은 한마디로 천재와 같은 능력을 발휘한다. 이를 테면 추리력이 매우 강화되므로, 학문 분야에서도 계속 새로운 가설(假說)을 세우거나, 새로운 발견을 통해 천재성을 발휘한다.

매우 추상적이고 철학적인 사고력에도 강해지므로 '신(神)이란 무엇인가?'와 같은 문제에서도 천재적 재능을 발휘한다. 물론 논리를 세우고 전개시킴과 동시에 우연한 기회에도 직관력을 통해 위대한 발명가로 변신할 때가 많다. 결국 이런 타입의 영능력자는 모든 방면에서 훌륭한 재능을 발휘하는 초인(超人)인 것이다.

역사적으로 보면 레오나르도・다빈치가 그와 같은 영능력을 갖추고 있었다고 할 수 있다. 그는 '모나리자'나 '최후의 만찬'을 그린 화가로서 유명하지만 실제적 업적은 놀랄 정도로 여러 분야에서 각광을 받고 있다. 직업적으로 말하면 화가, 조각가, 과학자, 기술자로 분류되나 과학 분야에서도 그는 수학, 물리학, 천문학, 수력학(水力學), 해부학(解剖學), 측량기술 등 이루 헤아릴 수 없는 많은 학문에 조예가 깊었다. 화가는 그림을 그리면서도 지구에서 태양까지의 거리를 계산했고, 토지의 개량 계획을 세웠으며, 현재의 비행기 모델을 만들었으며 해부학 연구에도 몰두하고 있었다.

또, 불교의 개조(開祖)인 석가의 그림이나 불상(佛像)에서 쉽게 알 수 있듯이 석가의 이마에는 작은 단추와 같은 것이 붙어 있다.

이것을 백호(白毫)라고 부르는데, 기원전 480년 석가가 붓다가야의 보리수 밑에서 깨달음을 얻었을 때 미간(眉間)의 챠쿠라가 눈 뜨면서 빛을 나타냈다고 알려져 있다.

이 아지나 챠쿠라가 눈을 뜰 때, 가장 특징적으로 나타나는 현상은 인간의 의식을 초월한, 즉 훨씬 깊고 넓은 초의식(超意識)이 개발되는 것을 분명하게 느끼게 된다는 점이다. 이 초의식으로 과거·현재·미래의 모든 것을 동시에 알 수 있고, 우주 만물의 윤회전생(輪廻轉生)도 알게 된다.

또 사물의 본질까지도 바르게 인식할 수 있게 된다. 이것을 불교적으로 표현하면 '피안(彼岸)의 지혜'에 해당되며, 최고의 지혜를 얻게 되는 경지를 뜻한다. 그리고 이 아지나 챠쿠라가 개발된 영능력자는 염력(念力) 같은 것도 자유자재로 조절한다.

같은 염력을 발휘하는 사람도 초보적인 수준에서는 테이블 위의 컵이나 재털이를 공중에 떠오르게 할 수는 있어도, 그 다음에 기절하거나 체중이 한꺼번에 4~5키로 감소하는 경우가 있다. 그러나 자유자재로 염력 조절이 가능한 사람은 컵보다 더 큰 의자나 책상을 공중에 떠오르게 한 뒤 기절하거나 체중의 감소가 없다. 또한 이 챠쿠라가 눈을 뜨면 자기의 전생까지도 똑똑히 볼 수 있게 된다.

불가능이라는 말이 사라진다

불교에서는 수도를 쌓은 결과로 얻는 것을 해탈(解脫)이라고 한다. 깨달음의 경지이다. 색즉시공(色即是空), 공즉시색(空即是色),즉 일체 이 세상의 존재에 구애받지 않고 동시에 이 세상의 온갖 것을 알 수 있으며, 소유할 수도 있는 상태이다. 시간과 공간을 초월할 수 있으니까, 몇천년 전의 옛 일도, 반대로 몇천년

후의 미래도 알게 되고, 여기에 있으면서, 아득히 먼 2만키로 떨어진 지구의 반대편 일까지 알게 되는 것이 바로 최고의 영능력자다.

보통 때, 인간의 정신은 육체라는 껍질안에 갇혀 있어, 그 테두리에서 빠져 나갈 수 없다. 그러므로 자기 중심으로 모든 문제를 생각하는 자아의식(自我意識)이 눈 뜨게 되고, 여기에서 이해(利害)와 대립관계가 생겨 이 세상이 끊임없이 슬픔과 괴로움으로 시달리고 있다.

그런데, 만일 정신이 육체라는 껍질에서 자유스럽게 빠져 나올 수 있다면 어떻게 될까? 빠져나온 정신이 시간과 공간의 제약을 전혀 받지 않고 움직일 수 있다면 이 우주와 더불어 융합할 수 있게 된다.

이 말은, 자기 자신과 우주가 일체(一體)이기 때문에 모든 일에 집착할 필요가 없어진다는 뜻이다. 이것이야 말로 최고의 영능력자만이 지닐 수 있는 경지인 것이다.

그러나 이와 같은 상태에 사실상 도달할 수 있는 사람은 극히 드물다. 이 높은 차원에 있는 영능력자와 비교할 때, 몸을 공중에 떠오르게 하거나 벽 건너 보이지 않는 곳을 투시할 수 있는 영능력자와는 어른과 어린이 만큼 차이가 많다.

이 최고의 단계까지 영능력을 개발하는 핵심은 머리 끝인 사하스라아라 챠쿠라에서 우주 에너지를 흡수해 활성화시키는 일이다.

이 챠쿠라가 눈 뜨면 바로 머리 꼭대기에서 매우 선명한 빛이 몸 안으로 들어오는 것을 느낄 수 있다. 동시에 수명이 다 된 축전기가 충전 됐을 때처럼 힘찬 활력이 온 몸에 넘쳐 흐른다.

이러한 경지에서는 조용히 앉아 눈만 감아도 정신이 머리

사하스라아라가 눈뜨고, 후두부(後頭部)에 오—라(靈光)가 보였다.

꼭대기에서 빠져나가 밖으로 나갈 수 있게 된다.

　이 현상을 '유체이탈'이라고 한다. 이와 같이 육체보다 높은 차원의 의식을 자기 것으로 만들면, 육체의 제약에서 해방되고, 자기의 차원 높은 의식과 그 몸만으로 자유스럽게 움직일 수 있게 된다. 또 그러므로서 신령(神靈)과 만나고, 신의 음성을 들을 수도 있다. 그리고 신(神)을 가깝게 느낄수 있고, 자기의 사명도 깨달을 수 있게 될 것이다.

　이것은 마음의 진화가 완성되어 깨달음의 경지에 도달된 것을 나타낸다. 더욱 진화되면 신과 일체화(一體化) 된 신인합일(神人合一)을 이루게 되고, 자기가 우주의 생명 에너지 그 자체가 된 느낌을 얻을 수 있게 된다.

　이렇게 되면 모든 영능력을 발휘할 수 있다. 투시나 영청·염력(念力)·테레파시 같은 일체의 것을 자유스럽게 쓸 수 있다.
이제 불가능은 없어지는 것이다.

제3부
영능력은 이렇게 개발한다

1. 잠자고 있는 영능력을 눈뜨게 하라

영능력을 믿지 않아도 좋다

 당신은 지금까지 영능력자나 초능력자(超能力者)라는 사람을 단 한번이라도 만난 일이 있을지도 모른다.
 또는 실제 당신의 눈으로 영능력자가 보여 주는 믿을 수 없는 현상, 그 불가사의한 현상을 직접 목격한 일이 있을지도 모른다.
 만일, 한번만이라도 당신에게 그같은 체험이 있었다면 필자가 지금까지 설명한 갖가지 영능력과 그 힘으로 나타나는 현상을 이해하고 믿을 수 있을 것이다.
 그러나 TV에서 시청했거나 잡지에서 읽었다면 아직도 필자의 이야기를 반신반의 하는 경우가 많을 것이다. 사람의 몸이 공중으로 뜨다니, 물리학의 중력(重力) 법칙에 위반된다. ── 무슨 트릭(속임수)이 아닐까? 500km나 먼 곳에 있는 사람의 병을 고칠 수 있었다 ── 우연의 일치가 아닐까? 천년 전의 그 사람 전생(前生)을 알아냈다 ── 단순한 환각(幻覺)이었던 것이 아닐까? 등등.
 대부분 그와 같은 의심을 품는 것도 무리가 아닐 것이다. 우리가 살아가는 세상은 현대 과학으로 증명하지 못하는 것을 인정하지 않고, 인정하려고도 하지 않고, 또 모든 사람이 경험하는 최대 공약수만이 통용되기 때문이다.
 그러나 필자는 감히 단언할 수 있다. 영능력은 틀림없이 존재하며, 더욱이 누구나 그것을 자유자재로 활용할 수 있다. 이 책에서 설명한 요가 수련을 쌓으면 어떤 평범한 사람도 영능력자가 될 가능성이 있다.

다만 한가지 주의하고 싶은 것은 결코 영능력을 악용하지 말아주었으면 하는 것이다. 수련을 쌓으면, 틀림없이 누구나 어느 정도는 예지나 투시, 염력 능력(念力能力)이 개발된다. 그런데 그 힘을 이용해 도박에서 일확천금을 꿈꾸거나 타인의 마음을 투시하여 자기 이익을 추구하려는 경향이 흔히 있기 마련이다.

그러나 영능력을 이렇게 사용하는 것은 정도(正道)가 아닐뿐더러 본인에게도 위험하므로 포기하는 것이 현명하다. 정신의 이상이나, 육체적 고통을 자초하는 경우가 많기 때문이다.

우선 무엇부터 시작할 것인가?

독자중 어떤 분은 이렇게 생각하고 있을지도 모른다.

"영능력자나 초능력자가 확실히 있을 것이다. 그러나 그와 같은 사람들은 선천적으로 특별하게 태어났고, 하늘이 준 힘을 지니고 있다. 자기처럼 평범하게 태어난 사람과는 인연이 없다. 아무리 훈련을 계속하고 엄격하게 수도를 쌓아도 영능력같은 것을 자기 것으로 만들기는 불가능하다"라고.

그러나 그것은 잘못된 생각이다. 원래 인간은 누구나 영능력을 지니고 있다. 그것을 완전히 발휘하게 되면 공중에 붕 떠오를 수도 있고, 테레파시로 사람의 마음도 읽을 수 있으며, 또한 유체가 되어 순식간에 몇백 키로 떨어진 곳으로 이동하는 일도 가능해진다.

그런데, 지금은 과학 만능의 시대여서 그와 같은 상식에 어긋나는 일은 있을 수 없다고 근본적으로 부정되고 있으므로 사람들은 자신이 분명히 갖고 있는 영능력을 느끼지도 못하며 발휘하려고도 생각하지 않고 있다.

태어나자 마자 늑대에게 잡혀가 늑대 새끼들과 같이 성장한 소녀는 사람의 몇백배나 되는 후각과 청각이 발달되고 캄캄한 밤에도 아득히 먼 곳에 있는 먹이를 찾아낼 수 있는 시력을 지니고 있었다.

이와 같은 예에서도 알 수 있듯이 사람은 환경이나 훈련에 따라 얼마든지 잠재된 능력이 발휘될 수 있는 것이다. 물론 당신에게도 무한한 능력이 숨어 있다.

이를테면 당신이 아직 어렸을 때, 무심히 입에 올린 말에 주위의 어른들이 아연실색한 일은 없었는지? 그런 경우는 아마도 어른들 마음 속에 생각하고 있는 바를 정확하게 적중시켰기 때문이다.

또, 몇 시간 후나 2~3일 후 등 가까운 미래에 일어나는 사건을 우연히 알아맞춘 일은 없는지? 그리고 화재에 대한 이야기를 하고 있었는데, 그 직후 바로 앞을 소방차가 지나갔다거나 어쩐지 언짢은 기분으로 하루를 보낸 그 다음 날에 가족이나 친척이 사고를 당했다거나 하는 일 등은 누구나 흔하게 경험하는 일일 것이다.

이와 같은 영능력은 텔레파시나 예지라고 하는 것으로 이 세상의 '상식'에 아직 물들지 않은 어린이에게서 의외로 많이 발견된다.

지진이 나기 전에 메기가 요동치고 쥐들이 떼를 지어 이동하며, 새들이 소란스런 것 등은 동물들이 지닌 예지 능력때문이다. 이것과 비교할 때 인간은 아무리 현대 과학을 총동원해도 지진을 미리 알 수가 없다. 결국 실험실 어항에서 메기를 키우며 그 동태를 계속 관찰한 끝에 지진에 대한 정보를 활용하고 있다.

그리고 문명과 거리가 먼 미개지에서는 부족중에 기도사(祈禱師)나 예언자·영매(靈媒) 등이 있는데, 문명의 독소에 물들지 않았으므로, 인간이 본래 지니고 있는 영능력을 발휘할 수 있는 것이다. 물론 기도사에 따라 차원이 높은 영능자와 낮은 영능자가 있을 것이므로 기도가 전부 성취되는 것은 아니다. 그러나 그렇다고 해서 이 영능력자가 모두 사이비거나 미신에 지나지 않는다고 말할 수는 없다.

만약 진실로 아무 쓸모도 없다면 어느 부족들도 그들을 영능력자로 상대하지 않을 것이기 때문이다.

결국 영능력의 발휘는 어린이나 동물, 그리고 미개지에 사는 사람들에게 많다는 사실이다. 이점에서 볼 때, 영능력이란 사람, 아니 생물이 원래 지니고 있는 힘이라고 말할 수 있을 것이다. 다만 현대인은 그 사실을 완전히 망각하고 있을 뿐이다.

그렇다면, 어떻게 우리들은 잃어버린 영능력을 되찾을 수 있을까?

그 해답은 이미 지금까지 설명한 바에 따라 쉽게 알 수 있을 것이다. 우리를 에워싸고 있는 상식이라는 단단한 껍질을 깨고 경직된 정신이나 육체를 다시 활성화 시켜 원래 지니고 있는 역할을 눈뜨게 해주는 일이다.

예를 들면, 초롱 속에서 키우고 있는 새는 야생(野生)하는 새에 비해, 지진이 일어나기 전 그다지 울부짖지 않거나, 아니면 전혀 반응을 보이지 않는다. 초롱 안의 새는 하늘을 자유롭게 날을 수 없고 또한 날을 필요도 없다. 다시 말해서 굳이 위험을 무릅쓰고 먹이를 얻을 필요가 없을 뿐더러 위해(危害)를 가하는 적도 없는 생활 습성이 그들에게서 예지 능력을 박탈한 것이다.

사람도 원숭이와 같이 나무에 오르고 짐승과 싸우며, 야산을 달리는 생활을 그만두었으므로 차츰 영능력이 퇴화되고만 것이다.

그렇다고 해서 현대인에게 다시 원시시대와 같은 생활을 강요하는 것은 결코 아니다. 그런 생활은 할 수도 없고, 아프리카의 오지에서 타잔의 흉내를 내본다 해도 1개월 이상 살아가기 힘들 것이다.

몸과 마음의 훈련으로 부터

당신에게 잠자고 있는 영능력을 개발하기 위한 방법은 몇 가지 있다. 이 방법을 수련하므로서 당신의 영능력은 차츰 눈뜨게 되고 발휘될 수 있다. 이것은 좌선(坐禪)처럼 10년, 20년씩 걸리거나 엄격하고 힘든 인내력을 필요로 하는 것도 아니다. 사람에 따라서는 수련을 시작한 지 불과 1주일만에 투시력이 나타나거나 1개월만에 몸이 공중에 뜨는 사람도 있다.

늦은 사람도 반년동안 날마다 계속하면 예지 능력도 생기게 되고, 동시에 상대방이 생각하고 있는 바를 알게 되기도 한다.

필자가 실제로 지금까지 많은 사람들을 지도하고 그 효과를 검증해 온 영능력 개발을 위한 훈련의 기본은 몸을 유연하게 만드는 것과, 마음을 스스로 조절하는 일 ──── 이 두 가지이다. 그 두 가지에 완전히 숙달되면 누구나 지금까지 믿을 수 없었을 만한 힘을 발휘할 수 있다. 이것은 결코 어려운 일이 아니며,

특수한 사람만이 얻을 수 있는 힘도 아니다.

현대인은 너무나 단단한 껍질로 뒤덮혀 있다. 육체도 정신도 완전히 굳어버린 것이다. 사회적 습관이나 상식의 껍질에 들러싸이고 말았다.

예를 들면, 걷는다는 동작을 보자. 두 다리로 똑바로 서서 걷는 습관이 다른 동물과 구별하는 인간의 큰 특징이지만, 이것은 육체적으로 큰 무리이고 부담스러운 것이다. 4~5kg의 무게인 머리를 지상 1.5~1.7미터의 높이에서 지탱하려면 특히 척추에 부담이 큰데, 대부분의 사람은 어른이 되기 까지 정도의 차이가 있지만 어느 정도 허리가 구부려진다.

이 척추는 나중에 설명하겠지만 영능력을 불러일으킬 경우 중요한 핵심이다. 이것이 걸어다니는 동작때문에 구부러졌으므로 영능력이 잠재된 채 개발되지 못하는 것도 무리가 아니다.

이 구부러진 척추를 올바르게 하는 것이 앞으로 소개하려는 훈련 방법인데, 이것은 동시에 마음의 수련이기도 하다. 영능력을 개발한다는 것은 바로 마음을 진화시킨다는 것과 같다.

결국 영능력을 개발하는 목적은 어디까지나 인류의 행복과 인간적 조화(調和)를 위한 것이며, 사람들을 번민과 고통에서 조금이라도 구원하려고 하기 때문이다.

그러기 위해서는 건강한 신체가 첫째 조건이다. 이유는 몸이 건강하지 못하면 마음도 왜곡되게 되며 영능력 개발을 위해서도 건전한 몸이 불가결한 요소이기 때문이다.

아무리 숭고한 목적을 지니고 있을지라도, 충분히 힘을 발휘하지 못하면 아무 일도 성취하지 못하는 것은 너무나 명백하다.

2. 우주 에너지를 몸에 끌어들인다

영능력이 나타나는 메카니즘

 앞에서도 설명했지만 영능력을 개발하기 위해서는 이 우주에 편재하는 생명 에너지(프라나)를 우선 우리 몸안에 끌어 들이지 않으면 안된다. 이 에너지가 몸 안에 들어와 물리적 차원으로 나타난 것을 특히 '기(氣) 에너지'라고 한다.
 우주의 에너지라고 할 때 물론 눈에 보이는 것은 아니지만, 우리 주위에는 차원 높은 프라나·에너지가 충만하고 있다. 이 에너지는 전기 에너지나 태양 에너지와는 전혀 다른 차원의 것이지만 공간이 있는 곳에는 어디든지 존재한다.
 영능력이란 이 에너지를 자기 것으로 만들고, 자유자재로 조절하여 발휘시킬 수 있는 능력을 말하는 것인데, 마치 공기를 통해 산소를 흡수하는 것과 같이 에너지를 호흡을 통해 우리 몸 안에 흡수할 수 있다.
 호흡을 통해 몸에 흡수된 이 에너지와 우리 몸에 있는 쿤다리니라는 근원적인 생명력이 7개의 챠쿠라에서 합류되면 챠쿠라가 잠을 깸과 동시에 비로소 영능력이 나타난다.
 그런데 이 물리적 차원인 기 에너지는 매우 재미있는 성질을 지니고 있다. 중국에는 기공술사(氣功術師)라는 일종의 영능력자가 있다. 손바닥에서 기 에너지를 방출하여 남의 병을 치료하거나 마음 속의 괴로움을 깨끗이 제거하는 힘을 가진 능력자인데, 어느 중국의 과학자가 유능한 기공술사에 대해 다음과 같이 실험하였다.

　상당히 미세한 에너지도 측정 가능한 장치를 준비한 뒤, 기공술사가 이 장치에 손바닥을 가까이 대면, 순간에 바늘이 움직인다. 그런데 이 장치를 유리도 된 용기로 밀폐시키면, 유능한 기공술사가 아무리 강력하게 에너지를 발산시켜도 바늘이 전혀 움직이지 않는다. 그러나 그 유리 용기에 불과 0.1mm의 작은 구멍을 1개 뚫었을 때 기공술사가 보낸 기 에너지는 그 구멍을 통해 장치에서 반응을 나타낸다.

　여기에서 알 수 있듯이 이 에너지는 전파처럼 장해물을 통과해 흐르지 못하며, 공기나 물과 같이 통로가 막히면 흐르지 못하는 것이 증명되었다. 따라서 이 에너지가 사람의 몸을 통과하려면 장해물이 없는 통로가 필요하다.

　그 통로는 혈관과는 달리, 온 몸을 회전하는 특별한 루트가 있다. 즉, 동양의학에서 말하는 경락(經略)이다. 간단히 말하면, 침을 놓을 경우, 경혈(經穴)과 경혈을 연결한 선(線)이 경락인데, 몸 안에 흡수된 기 에너지는 여기를 통해 온몸을 회전하는 것이다.

　이 기 에너지가, 예를 들어 통증을 느끼게 하는 신경 에너지와 다른 점은 신경 에너지가 신경 가운데를 흐르는데 대하여 기 에너지의 통로는 경락이고 그 경락에는 체액이 충만되어 있다.

　체액 즉, 물은 기 에너지를 저축하거나 운반하는 매체로서는 우수한 성질을 지니고 있으나, 다른 물질에 비해 물은 늦게 더워지고 쉽게 식지 않는다. 다시 말해 열에너지를 다른 물질보다 오래 저축할 수 있다. 따라서 사람의 몸 안을 흐르는 기 에너지도 물을 중간 매체로 운반되거나 축적되고 있다.

　신경의 흥분으로 생기는 전기는 항상 마이너스 전기지만 기

에너지가 흐를 때 생기는 전기는 플러스도 되고 마이너스가 되므로 늘 일정하지 않다.

또, 신경 에너지는 어떠한 경우에도 전기(電氣)로서 측정할 수 있는 것이다. 깨어 있거나 잠자고 있거나 사람이 살아 있는 한 뇌파 등을 측정 불가능한 일은 없다. 그러나 기 에너지의 경우는 아주 미량(微量)이면 전기(電氣)로 포착할 수 없게 된다. 또한 흐르는 속도에 있어서 신경 에너지는 초속 60m 에서 100m이지만 기 에너지는 초속 20cm～50cm에 불과하다.

이와 같이 체액 속에 포함되어 운반되는 기 에너지는 평소 때 세포에 공급되어, 조직을 조절하고 있다. 그리고 오래 되고 낡은 기(氣)는 다시 체액 속에 되돌려져 밖으로 방출된다.

그런데, 정말로 챠쿠라가 개발되어 영능력을 갖게 된 사람, 이를테면 심장 부위에 있는 챠쿠라가 눈 떠 염력 능력을 갖게 된 심령수술사 같은 사람의 기 에너지 흐름을 경락장기(經絡臟器) 전자 측정장치로 조사하면 심경(心經)과 심포경(心包經)같이 심장과 관계있는 경락에 극히 많은 에너지가 흐르는 것을 알 수 있다.

더욱이 그 에너지가 활동하는 플러스와 마이너스의 폭은 보통 사람 보다 몇십배 크다. 예를 들면 보통사람의 활동 범위가 4～5cm라고 한다면 챠쿠라가 개발된 영능력자는 100cm～120cm정도 된다. 옛부터 '병은 기 때문이다'라는 말이 있드시 모든 질병은 이같은 기 에너지의 흐름이 정체되거나 원활하지 못했을 때 발생 되는 것이다.

기(氣) 에너지를 이렇게 활용한다

우리의 영능력을 활용시키는 우주의 생명 에너지인 프라나를 흡수하는 것은 호흡이다. 이 호흡법은 평상시와는 다른 특별한 방법인데 상세한 내용은 뒤에 설명하기로 한다.

호흡으로 흡수된 프라나·에너지는 그 자체만으로는 활동하지 못한다. 온 몸을 뛰어다니게 하여야 하는데, 챠쿠라에서 미저골(尾骶骨)에서 잠자고 있는 쿤다리니와 합류시켜 챠쿠라를 눈 뜨게하지 않는 한 영능력을 발휘시킬 수 없다. 챠쿠라는 사람의 몸에 7개소가 있고 각기 독특한 영능력을 발휘시킬 수 있다.

이 챠쿠라로 프라나·에너지를 전달하는 것은 별로 어렵지 않는데 몇 가지 수련 방법이 필요하다. 이유는 물리적 차원에서의 프라나·에너지인 기 에너지를 몸 안에서 활성화 하려면 수련을 통하지 않고 원활하게 흐르기 어렵기 때문이다. 특히 기 에너지가 막히기 쉬운 곳은 결합조직 중에서도 인대(靭帶)나 골격이 들어있는 관절 부위이다.

비교적 관절 부위에서는 체액이 막히기 쉽다. 체액이 정체되면 기에너지도 원활하게 흐르지 않는다. 즉, 프라나도 흐르지 못한다. 따라서 영능력 개발을 위한 훈련은 모든 관절을 유연하게 하는 것이 중요하다.

류마티스나 신경통으로 고생하는 사람은 이 관절 부위에 체액 즉, 기 에너지가 막힌 상태이므로 신진대사가 안되는 체액이 관절에 정체된 상태다.

평소 충분히 운동하는 사람들은, 준비운동으로 관절을 움직이고 있다고 생각할지 모르나 그것은 잘못된 생각이다. 운동에 필요한 관절 훈련과, 기 에너지의 순환을 원활하게 하는 훈련과는 근본적으로 다르기 때문이다.

또한 이 훈련에 숙달된 사람일수록 빠른 시일내에 영능력이 나타나고, 그 수준도 높은 차원에 도달되기 쉽다. 그러므로, 초심자는 다음에 소개하는 훈련법을 하루에 적어도 30분 이상 계속하고 동시에 우주의 생명 에너지를 충분히 흡수하는 호흡법에 빨리 익숙해주기 바란다.

〈훈련할 때의 주의〉

　(1) 훈련 시작 전에 배변·배뇨로 대장과 방광을 비워둘 것.
　(2) 위장도 빈 상태에서 할 것. 따라서 식사 후, 3~4시간 지난 뒤가 좋다.
　(3) 너무 오랜 시간의 일광욕을 한 뒤에는 금물이다.
　(4) 공기가 깨끗하고 잘 환기되는 조용한 곳에서 할 것. 바람이 강한 곳이나 차가운 곳, 공기가 탁한 곳은 피한다.
　(5) 훈련 시간은 흔히 새벽 3시가 지나서 부터 8시까지의 오전 중의 공기를 생기(生氣), 오후의 공기를 사기(死氣)라고 한다.
　(6) 훈련 시작 전에 목욕을 하면 효과를 높일 수 있다.
　(7) 스폰지나 매트레스, 침대 위에서는 하지 말 것. 그러나 마루 바닥 위에 담요 같은 것을 깔고 하는 것은 괜찮다.
　(8) 옷은 몸에 꽉 끼지 않는 헐렁하고 감촉이 좋은 것을 선택한다. 팔목 시계나 안경, 액세서리 따위는 모두 풀어 놓을 것.
　(9) 위괴양, 헤르니아 같은 만성병 환자는, 요가 지도자의 주의에 귀를 기울일 것.
　(10) 훈련 중에는 원칙적으로 입을 피하고 코로만 호흡할 것.
　(11) 훈련 중에는 급격한 동작을 피하고 조용히 천천히 동작할 것.

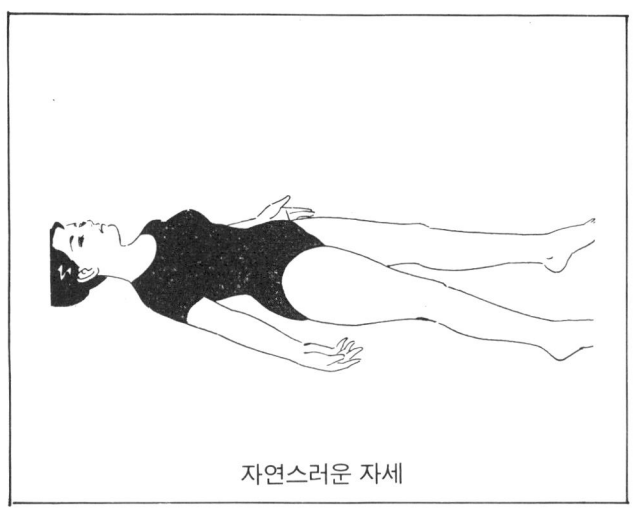

자연스러운 자세

또, 통증이나 쾌감을 느낄지라도 그때마다 즉시 반응을 나타내지 말고, 그 느낌을 자각하는 것으로 그칠 것. 그렇게 하면 집중력과 인내력이 발달된다.

(12) 훈련 중 몸의 어느 부위에서 고통을 느낄 경우, 곧 중지하고 지도자의 가르침을 받을 것.

(13) 장내(腸內)에 개스가 차거나 혈액이 탁한 상태일 때는 물구나무서기 훈련은 중단할 것.

(14) 근육이나 관절에서 기분 좋게 느껴지면 그 이상 무리한 동작은 피할 것. 목적하는 자세가 처음에는 취할 수 없더라도 훈련을 계속하는 사이 가능해진다.

(15) 시작 전과 끝난 뒤에는 '자연스런 자세'를 취하고 온몸의 긴장을 푼다. 또, 훈련 도중 피곤함을 느꼈을 때도 '자연스런 자세'를 취하면 피로가 풀리고, 기(氣)에너지의 균형 조절로 기력이 충실해진다.

(16) 식사를 바꿀 필요는 없다. 평소와 같은 식사를 하되 더 먹고 싶은 정도(80%)에서 중단할 것. 폭음폭식(暴飮暴食)은 금물이다.

〈훈련 1〉
발가락과 발목을 부드럽게 한다

　영능력에 있어서 최초의 원동력은 우주의 생명 에너지와 쿤다리니이다. 우주에 편재하는 프라나·에너지를 몸 안에 적극적으로 흡수하는 것은 호흡법이지만, 이것을 온 몸에 순환시키지 못하면 영능력이 발휘될 수 없다. 그런데 물리적인 차원에서도 확인할 수 있는 프라나·에너지인 기 에너지는 특히 관절 부위에서 막히기 쉽다. 관절에는 인대나 뼈가 박혀 있기 때문인데, 여기에 체액이 고이게 되면 기 에너지가 흐르지 못하게 된다. 그래서 관절을 중심으로 몸을 유연하게 조절하여야 된다.
　몇 군데 관절의 핵심 중에서도 원칙으로 발 부터 시작하여 천천히 머리 쪽으로 올라간다. 발가락에서 시작하여 발목으로 옮긴다. 좌우의 발을 바꿔 각각 훈련한다.
　① 두 다리를 뻗고 바닥에 앉는다. 상반신을 약간 뒤로 젖히고, 두 팔로 버틴다.
　② 발가락에 의식을 집중하고, 두 발의 발가락 전부를 10회 안과 밖으로 굽힌다.
　③ 발목에서 부터 끝까지 되도록 크게 밖으로 젖혔다, 안쪽으로 굽혔다 한다. 역시 10회.
　④ 두 발을 약간 벌리고 오른 쪽으로 열번, 왼쪽으로 열번 천천히 돌린다.

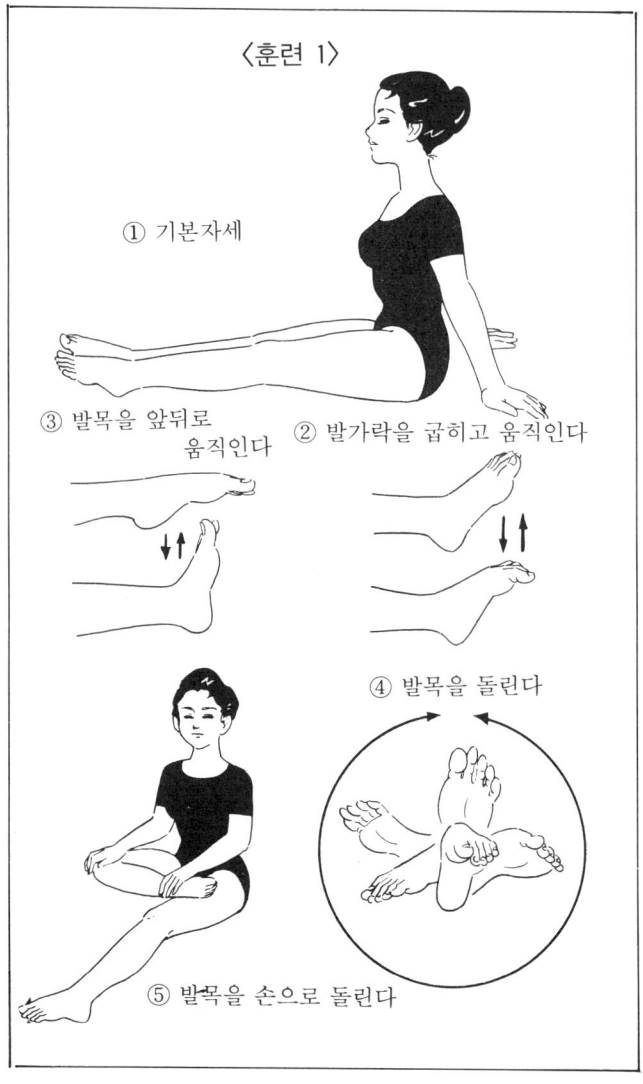

〈훈련 2〉
무릎을 굽혔다 폈다 회전시킨다

⑤ 한쪽 발을 다른 쪽 넓적다리 위에 올려놓고 손으로 오른쪽과 왼쪽에 각각 10회씩 천천이 돌린다.

무릎이 굳어져 구부러지지 않는 사람은 적으나, 그대로 나이에 따라 굳어지게 마련이다. 이 관절을 평소에 활용하지 않으면 등산할 때 힘을 쓰지 못한다. 특히 내리막 언덕 길에서는 무릎이 덜덜 떨려 스스로 조절할 수 없게 된다. 이른바 '무릎이 웃는다', 는 상태가 된다.

① 그림과 같이 앉은 채, 무릎 관절을 굽혔다 폈다 하는 운동이다. 오금 뒤 쪽으로 두 손을 넣어 가슴 쪽으로 당기고, 그 자세에서 무릎을 편다. 이 때 뒷굼치를 마루 바닥에 붙이면 안된다. 다음에 다시 두 손으로 무릎을 가슴 쪽으로 당기면서 발굼치가 궁둥이에 닿을 때까지 굽힌다. 이것을 좌우(左右)로 열번씩 반복한다.

② 무릎 관절을 중심으로 하고, 두 발로 그림을 그리듯이 빙글빙글 돌리는 운동이다. ①과 마찬가지로 오금 뒷쪽으로 두 손을 넣고 받치면서 무릎을 몸 쪽에 잡아당긴다. 그 자세로 발끝에서 크게 원을 그리듯 천천이 오른 쪽으로 열번, 왼 쪽으로 열번 반복한다. 두 발을 모두 열번씩 돌린다.

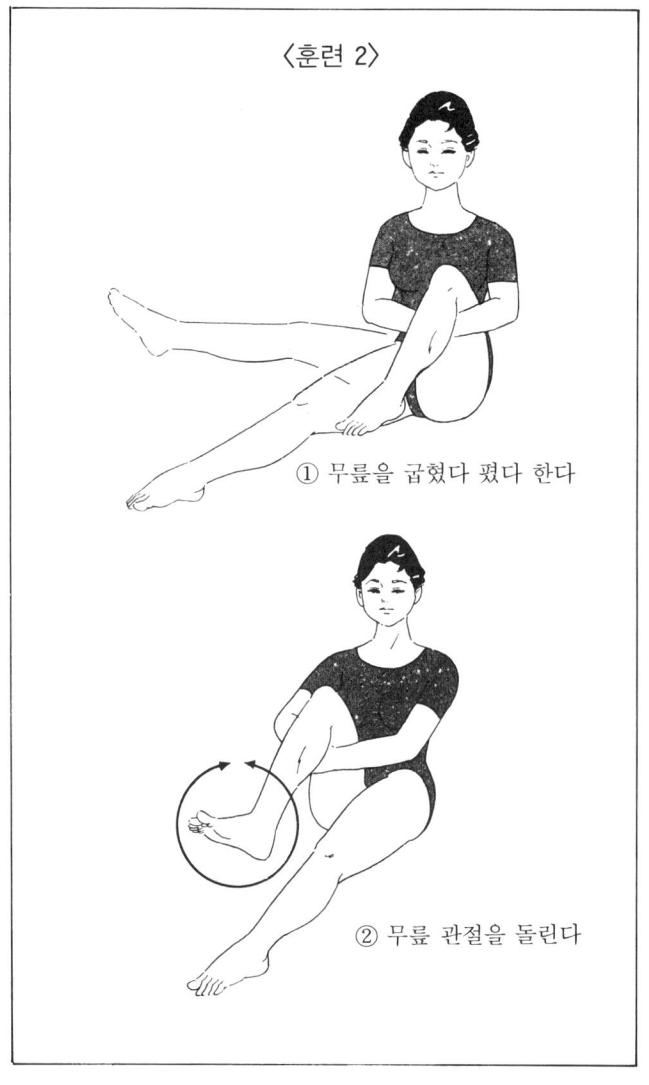

〈훈련 3〉
고관절을 부드럽게 하고 크게 벌린다

보통 사람들이 체조 선수나 바레리너처럼, 크게 두 다리를 벌릴 수 없는 것은, 고관절(股關節)이 굳어 있기 때문이다. 고관절이 굳어 있으면 당연히 기(氣)에너지도 순환되지 않는다. 그러나 훈련을 계속하면 조금씩 어렸을 때의 유연성을 되찾게 된다.

① 뻗은 다리의 허벅지에, 반대쪽 발굼치를 얹는다. 그림과 같이 양쪽 손으로 굽힌 다리와 뻗은 다리의 양무릎을 누르고, 굽힌 다리의 무릎을 마루바닥에 붙인다. 고관절이 아파 불가능할 경우에는 되도록 마루바닥에 가까이 댄다. 양쪽 다리를 각각 20회 반복한다.

② 뻗힌 다리의 허벅지에 반대쪽 발굼치를 얹는다. ①과 마찬가지로 두 손을 양쪽 무릎에 놓고 굽힌 무릎으로 큰 원을 그리듯이 돌린다. 처음에는 손을 돌려야 하지만 익숙해지면, 손의 도움이 필요없게 된다. 오른 쪽으로 돌리기를 열번, 왼쪽으로 돌리기를 열번 이것을 교대한다.

③ 허리를 곧게 펴고 앉아 두 발바닥을 합치고, 발굼치를 몸체로 바싹 갖다 댄다. 두 손으로 두 무릎을 마루바닥에 붙인다. ①에서 한 훈련을 양쪽 동시에 하는 셈이다. 이것을 20회 반복한다.

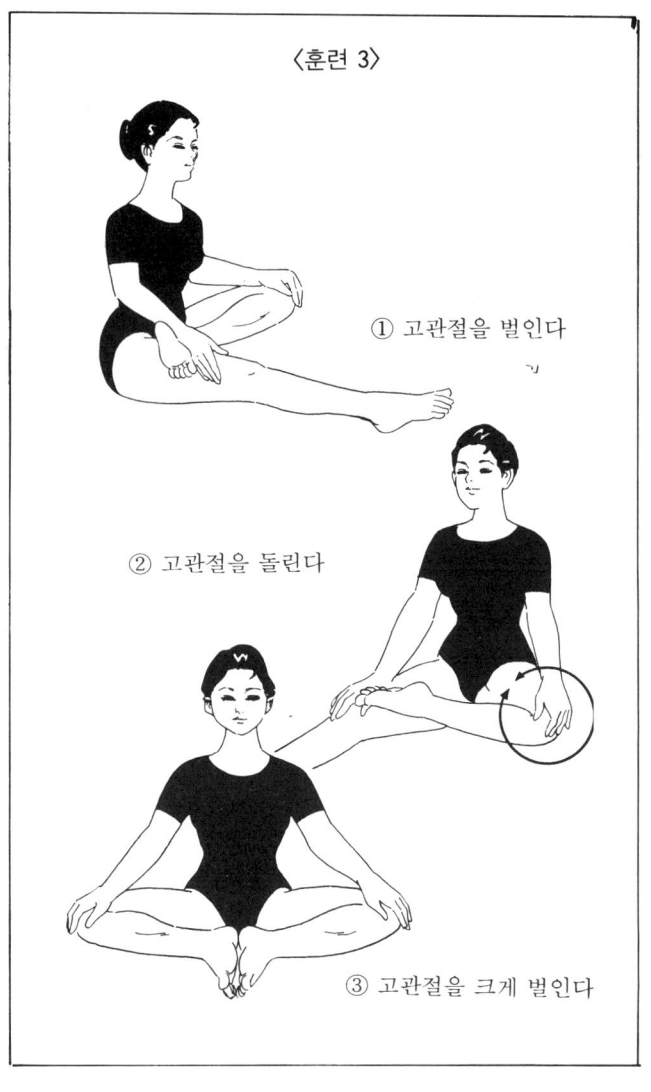

〈훈련 4〉
새와 같이 사뿐이 걷는다

지금까지의 훈련 [①에서 훈련 ③까지]을 통해 발가락과 발목, 무릎, 그리고 고관절이 유연해졌다. 여기서는 그 3가지 훈련을 종합적으로 정리하면 되는데 이것은 새가 사쁜 사쁜 걷는 모습이므로 '새걸음'이라고도 부른다.

다리의 강화 훈련은 필자의 훈련법에서도 중요한 핵심이다. 노화(老化)는 다리에서 부터 시작된다는 말이 있듯이 일상생활에서 적당한 운동을 게을리 하면 그 결과가 정통으로 다리에 나타난다. 여기까지의 4가지 훈련은, 처음에 분명히 힘들지 모른다. 그러나 결코 무리한 것이 아니다. 사람이라면 누구나 할 수 있는 것들이기 때문이다. 아파서 못견디겠다는 것은 관절이 굳어졌기 때문이므로 그러한 사람이야말로 꾸준히 노력하기 바란다.

① 마루바닥에 쪼그리고 앉아, 양손 바닥을 양 무릎 위에 얹고 쪼그린채 걸어다닌다. 발가락 끝만으로 걷거나 발바닥을 붙이고 걷거나 관계 없는데, 두 가지 중에서 힘든 쪽을 택하는 것이 효과적이다. 또, 한걸음 걸을 때 마다 무릎을 붙여도 좋다.

② 무리하지 않을 정도를 잠시 걸어다닌다. 처음에는 일분 정도면 된다.

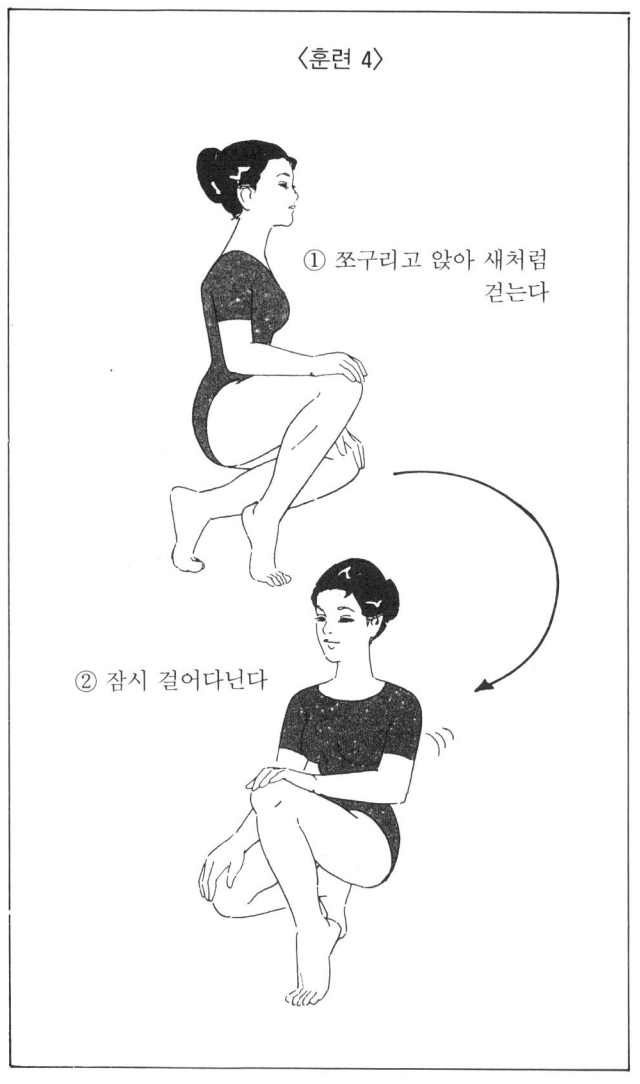

〈훈련 5〉
손바닥과 손목을 움직인다

우리 몸 가운데서 가장 많이 활용하는 것이 손이다. 아침에 일어나 세수 하고 이를 닦고 옷을 갈아입고 식사 하는 등 각각의 움직임은 복잡하고 모두 다양하다. 직장에서 사무원이나 타이피스트 같은 사람은 매일 손을 혹사한다고 해도 과언이 아니다. 그러나 관절의 운동이라는 관점에서 본다면 극히 일방적인 사용에 불과하다는 것을 알 수 있다. 그 이유는 이제 부터 소개하는 훈련을 실행하면 쉽게 이해할 수 있다. 매우 간단한 동작임에도 불구하고 10여 번 반복하면 아파오기 때문이다.

① 우선, 엄지손가락을 안에 넣고 주먹을 꼭 쥔다. 다음에 손가락에 힘을 주고 곧바로 쫙 편다. 이렇게 주먹을 쥐었다 쫙 펴는 동작을 좌우 열번씩 반복한다.

② 손가락을 가지런히 하고 수평으로 편 다음 천천히 손목을 위 아래로 강하게 굽힌다. 각각 힘을 주어 굽힐 수 있는 곳까지 굽힌다. 좌우 각각 열번씩 반복한다.

③ 엄지 손가락을 안에 넣어 주먹을 쥐고 오른 쪽으로 열 번 빙글빙글 돌린다. 다음에 왼 쪽으로도 열번 빙글빙글 돌린다. 이것을 좌우 손에 각각 회전한다. 또, 좌우 두 손을 동시에 10회 돌린다.

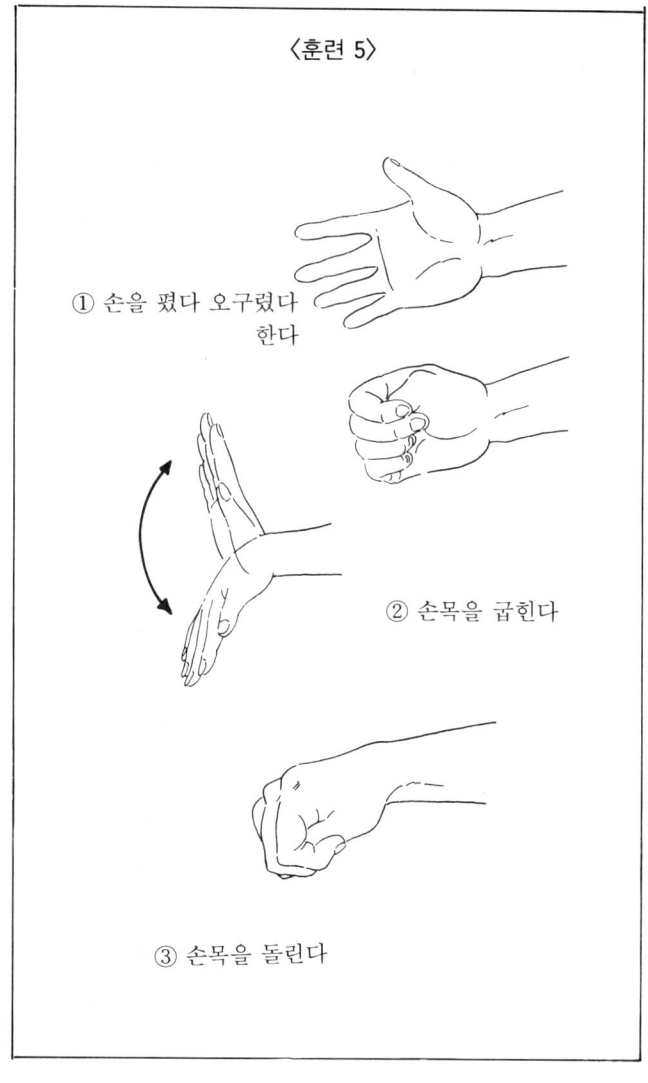

〈훈련 6〉
팔꿈치를 굽히고 어깨 관절을 돌린다.

　재미있는 일이지만 관절은 평소 사용하지 않으면 점차 굳어져 결국은 동작이 어렵게 된다. 마치 몇년간 쓰지 않은 녹슬어 움직이지 않게 된 자물쇠와 같다. 그러므로 팔꿈치나 어깨의 관절도 온몸을 움직여 노동하는 사람 보다는 사무원들이 더 굳어져 기(氣)에너지가 흐르기 어려운 것이다.

　① 곧바로 선 뒤, 어깨 높이에서 손바닥을 위로 두 팔을 뻗고, 손가락 끝까지 반듯하게 편다. 두 팔을 팔꿈치에서 굽혀 손가락 끝을 어깨에 붙인다. 손 끝이 어깨에 닿으면 이번에는 다시 팔을 천천이 편다. 이 때 팔꿈치의 위치가 움직이지 않도록 조심할 것. 이것을 10회 반복한다.

　② 두 팔을 반듯하게 옆으로 펴고, 팔꿈치를 굽혀, 두 손의 손 끝을 어깨에 댄다. 그림과 같이 어깨 관절은 중심으로 두 팔꿈치 끝을 큰 원을 그리듯 빙글빙글 돌린다. 안쪽으로 10회, 밖 앞 쪽으로 10회 돌린다. 가슴 앞에서 두 팔꿈치가 맞닿을 정도까지 큰 원을 그리듯 돌리는 것이 중요하다.

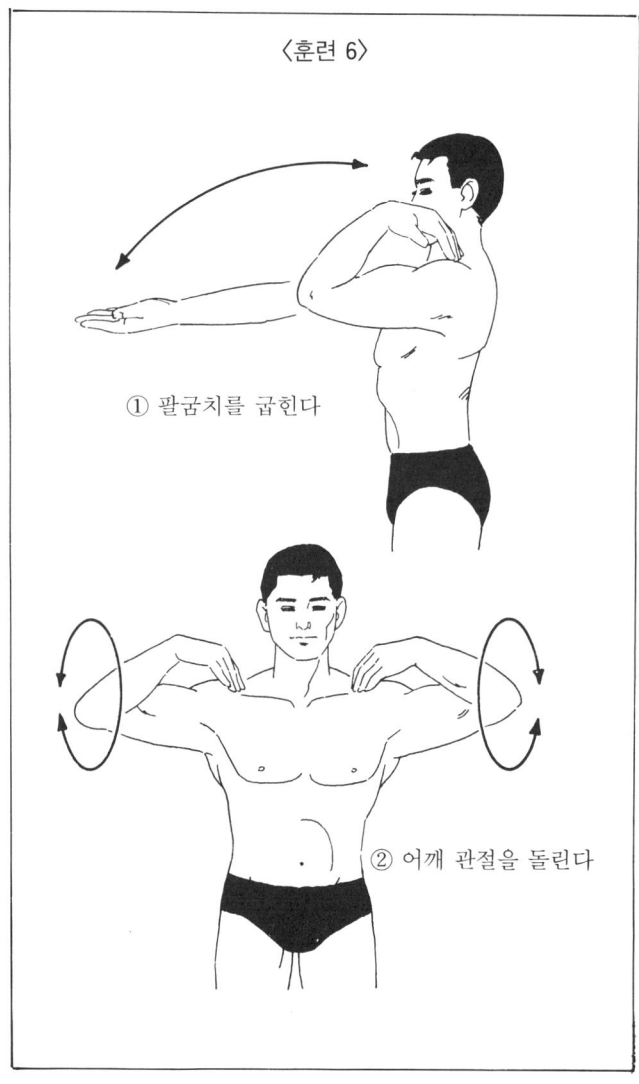

〈훈련 7〉
몸을 길게 뻗기다 앞뒤로 굽힌다

　지금까지는 몸의 각 부위 관절을 부드럽게 하는 훈련이었는데, 이제부터는 굽은 등뼈를 곧게 정비하고 유연성(柔軟性)을 회복시키는 훈련이다. 등뼈가 잘못되어 있으면 몸을 순환하는 기(氣)에너지가 그곳에 정체되고 만다. 그렇게 되면 우주의 생명에너지를 호흡법에 의해 아무리 흡수해도 수도관이 막힌것과 같으므로 영능력을 발휘하는 챠쿠라는 개발되지 못한다. 다음과 같은 훈련으로 등뼈를 고정시켜 챠쿠라를 눈뜨게 한다.
　① 두 발을 약간 벌이고 서서 양손을 깍지 낀다. 숨을 들이쉬면서 천천히 팔을 머리 위로 뻗으면서 깍지 낀 손바닥을 위로 하고 동시에 발꿈치를 들어 올린다. 1~2초 동안, 숨을 멈춘 뒤 천천히 숨을 내 쉬면서 두 팔을 내리고 발꿈치를 바닥에 내린다. 이것을 10회 반복한다.
　② 숨을 들어 마시면서 두 팔을 위로 뻗고 팔, 머리, 상체를 약간 뒤로 젖힌다. 그 상태에서 1~2초 멈춘 후, 이번에는 숨을 조금씩 내뱉으면서 반대로 팔, 머리, 윗몸을 앞으로 굽히며 이마가 다리에 닿을 때까지 깊게 굽힌다. 완전히 굽혔을 때 배를 움푹 집어 넣고 충분하게 숨을 내뱉는다. 이 동작을 10회 반복한다.

〈훈련 8〉
앉은 자세에서 윗몸을 앞으로 굽힌다

　등뼈 훈련을 통해 당신의 몸이 얼마나 굳어졌는지를 알 수 있다. 너무 굳어 굽어지지 않거나 아파서 참을 수 없을 경우에는 무리하지 말고 매일 조금씩 깊게 굽히는 연습이 필요하다. 끈기 있게 계속하면 반드시 몸은 유연해진다.

　① 앉는 자세는 그림과 같이 두 발을 교차(交叉)시키고 서로 발을 반대쪽 허벅지 위에 얹는다. 손은 허리 뒤로 돌려 뒷짐 지고 한쪽 손으로 다른 손 팔목을 잡으면서 천천히 숨을 들이마신다. 이윽고 숨을 내뱉으면서 윗몸을 앞으로 쓰러뜨린다. 되도록 이마가 바닥에 닿을 때까지 깊게 굽혀야 좋은데 처음 부터 무리하지 말고 날마다 조금씩 깊게 굽히는 훈련이 현명하다. 상체가 제자리에 돌아오면서 숨을 들이마신다. 3~4회 반복한다.

　② 두 다리를 모아 앞으로 뻗고 손을 허벅지 위에 얹고 앉는다. 숨을 토하면서 윗몸을 조용히 앞으로 굽히고 두 손은 발목 쪽으로 가져가며 엄지 발가락을 다섯 손가락으로 완전히 잡는 순간 숨을 내뱉는다. 그 자세에서 조용히 숨을 들이 마신 뒤, 천천히 내뱉으면서 손을 움직여 윗몸을 더욱 깊이 쓰러뜨린다. 그 자세로 30초~2분 동안 계속한다. 그 다음 윗몸을 일으키면서 숨을 들이 마신다.

　③ 두 발을 되도록 넓게 벌이고, ②와 같은 방법으로 앞으로 쓰러뜨린다. 이 동작도 30초~2분 동안 계속한다.

〈훈련 8〉

① 책상 다리를 하고 상체를 앞으로 쓸어 뜨린다

② 다리를 뻗고 상체를 옆으로 쓸어뜨린다

③ 다리를 벌리고 상체를 앞으로 쓸어 뜨린다

〈훈련 9〉
등줄기를 펴고 뒤로 젖힌다

　개나 고양이를 사육한 경험이 있는 사람은 알겠지만, 잠에서 깨거나 웅크린 자세에서 움직이기 전에 반드시 취하는 몸짓이 기지개를 펴는 동작이다. 등줄기와 손발을 쭉 펴는 자세인데, 정확히 말하면 몸을 뒤로 젖히는 동작이다. 등줄기를 뒤로 젖히며 온 몸에 자극을 주면 활력이 솟아오르는 것을 개나 고양이도 알고 있는 것이다. 물론 기(氣) 에너지로 잘 순환된다.
　① 다리를 뻗고 엎드려 손바닥을 어깨 넓이로 마루바닥을 짚는다. 숨을 들이 마시면서 천천이 팔을 뻗고 되도록 머리를 뒤로 젖힌다. 이 때, 배꼽은 마루바닥에 붙이지 않으면 안된다. 이대로 자세를 30초 정도 지속하고 호흡은 평소와 같다. 그리고 숨을 내쉬면서 원래 자세로 되돌아간다. 이것을 5회 반복한다.
　② 몸을 펴고 엎드려 한껏 숨을 들이 마신다. 무릎을 굽히고 두 손을 등 뒤로 돌려 발목을 잡는다. 발을 뻗는 기분으로 힘을 주고 등을 젖혀 아치 모양을 만드는데, 이 때 머리와 가슴, 허벅지는 되도록 바닥에서 높이 올린다. 20초나 30초 정도, 견딜 수 있을만큼 이 자세를 유지한다. 숨을 토하면서 원래의 자세로 돌아간다. 5회 반복한다.

〈훈련 9〉

① 등근육을 뒤로 젖힌다

② 손을 뒤로 돌려 발목을 잡는다

〈훈련 10〉
허리를 위로 올리고 발을 왼편으로 쓰러뜨린다

등줄기를 뒤로 젖히는 훈련 다음에 이번에는, 반대로 등을 펴는 훈련이다. 이 방법은 미용 체조에서 흔하기 때문에 여성들에게는 익숙한 동작이다. 그러나 여기에서의 목적은 아름다워지기 위한 것이 아니라, 영능력의 개발이다. 그래서 핵심은 등뼈를 가급적 많이 굽히는 것인데, 그러기 위해 2가지 변형법(變形法)이 첨가 된다.

① 반듯하게 눕는다. 두 팔을 몸 옆에 펴고 손바닥은 아래를 향한다. 숨을 크게 들어마신 뒤, 멈춰 복근(腹筋)의 힘으로 두 다리를 머리 위로 들어올려 발 끝을 마루바닥에 닿게 한다. 발끝이 바닥에 닿으면 팔꿈치를 굽혀 손바닥으로 허리를 빌린다. 그 자세에서 1분동안 멈추는데, 호흡은 평소와 같다. 1분이 지나면 숨을 들이쉬고 멈춰, 처음 좌세로 돌아간다.

② 머리 위쪽 바닥에 다리 끝이 닿은 자세에서 두 발을 약간씩 움직여 가능한 한 발 끝이 머리에서 멀어지도록 한다. 턱이 가슴과 맞닿은 상태에서 고정시키고 그 자세를 1분간 지속한다.

③ 앞서와는 반대로, 머리 위쪽에 발 끝이 놓여진 자세에서 두 발 끝을 약간씩 움직여 가급적 발 끝이 머리 가까이 오도록 두 손가락으로 발가락을 잡는다. 1분동안 그대로 멈춘다.

〈훈련 10〉

① 다리를 들고 발을 윗쪽으로 쓸어 뜨린다

② 발을 되도록 멀리 뻗는다

③ 손으로 발을 잡는다

〈훈련 11〉
몸을 비틀어서 부드럽게 한다

　누구나 흔히 경험하는 것이 겠지만, 맨손 체조에서 몸을 비틀 경우, 우두득 소리가 날 때가 있다. 이것은 등뼈가 20여개의 추골(椎骨)로 구성되어 있고 접하고 있는 뼈끼리 접촉될 때 소리를 낸다. 이 훈련은 휘어졌던 등뼈를 바르게 교정시키고 정체되었던 기(氣)에너지를 원활하게 순환시킨다.
　① 두 발을 70~90cm 정도 벌이고 서서, 등근육을 곧게 편채 허리만 굽혀 윗몸을 앞으로 넘어 뜨린다. 두 팔을 비행기 날개처럼 어깨까지 수평으로 올린다. 숨을 토하고 정지한 채, 윗몸을 천천이 오른 쪽으로 비틀고 왼손 끝을 오른쪽 발 엄지 발가락에 댄다. 다음에 왼쪽으로 윗몸을 비틀고 오른 손 손가락 끝을 왼발 엄지 발가락 끝에 댄다.
　상체를 중앙에 복귀하고 숨을 들이 쉬면서 몸을 일으킨다. 이것을 5회 반복한다.
　발을 앞으로 뻗고 앉아 적당한 범위로 넓게 벌인다. 두 팔을 어깨 높이와 수평으로 올리고 그 자세에서 상체를 비틀어 왼 손가락으로 오른발 엄지발가락을 잡는다. 이 때, 오른 팔과 왼 팔은 일직선이 되게 하고 눈으로 오른 손 끝을 똑바로 보도록 목을 비튼다. 반대로 오른 손의 손가락 끝으로 왼발의 엄지발가락을 잡는다. 이 동작을 15~20회 반복한다. 처음에 천천히 하다가 점차 빠르게 한다.

〈훈련 11〉

① 서서 몸을 비튼다

② 앉아서 몸을 비튼다

〈훈련 12〉
몸을 비틀어서 고정시킨다

　이제까지의 훈련을 통해 등뼈가 부드럽게 되면, 이번에는 몸을 비튼채 잠시 고정시킨다. 이 단계에 이르면 당신의 몸은 온몸이 충분히 자극 받아 완전히 유연성을 되찾게 된다. 그러나 평소 동작하지 않았던 관절을 움직이게 하고 등뼈를 비틀면 몸의 경직(硬直)을 예방할 뿐만 아니라 기 에너지의 흐름을 원활하게 한다는 점을 잊어서는 안된다.

① 왼쪽 다리를 굽혀 발뒷굼치를 오른쪽 궁둥이에 대고, 오른쪽 발을 왼쪽 무릎 밖으로 내놓아 발바닥을 마루바닥에 붙인다. 왼쪽 팔은 오른 발 밖으로 돌려 오른쪽 발을 잡는다. 숨을 내뱉으면서 오른 팔을 뒤로 돌리고 허리를 오른 쪽으로 비튼다. 계속하여 등과 목을 오른 쪽으로 비틀고 뒷쪽을 보도록 한다. 이 자세 상태에서 심호흡을 하고 최소한 1분간 정지한다. 반대편으로 같은 동작을 반복한다.
② 두 발을 가지런히 앞으로 뻗고 두 손을 허리 옆에 붙여 윗몸을 90도 왼쪽으로 비튼다. 숨을 토하면서 비튼 채로 상체를 앞으로 쏠어트린다. 결국 발을 앞으로 뻗은채 왼쪽을 향해 절을 하는 형상과 비슷하다. 이어서 숨을 들이 마시면서 상체를 이르켜 원래 자세를 회복한다. 좌우로 각각 10회씩 같은 동작을 반복한다.

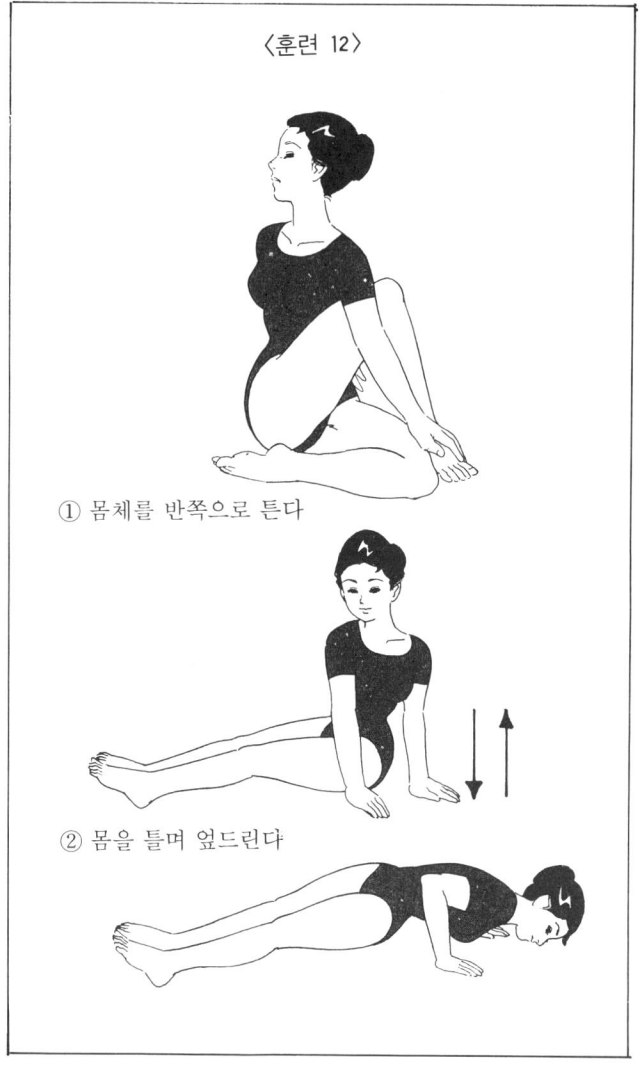

〈훈련 13〉
목뼈를 부드럽게 한다.

훈련의 끝마무리는 목이다. 어른의 경우, 거의 4kg 정도 무게의 머리를 받치고 있으므로 목뼈는 평소 큰 부담을 안고 있다. 여기의 관절이 유연성을 회복하면 머리에 있는 가장 중요한 2가지 챠쿠라가 개발되기 쉽다.

① 목을 앞 뒤로 천천이 굽힌다. 굽힐 때 숨을 토하고 제자리로 돌릴 때 숨을 들여쉰다. 천천이 10회 반복한다.
② 목을 좌우로 천천이 기울인다. 이것도 기울일 때 숨을 토하고, 제자리로 돌릴 때 숨을 들여쉰다. 이것도 10회 반복한다.
  그리고, 머리를 천천이 크게 돌리는데, 머리에 지팡이를 세우고 그 끝에서 큰 원을 그리는 요령으로 돌린다. 좌우로 10회씩 반복한다.

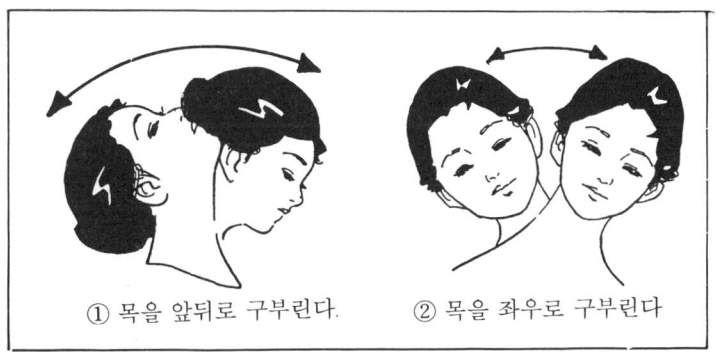

① 목을 앞뒤로 구부린다.   ② 목을 좌우로 구부린다

제4부
영능력을 터득하는 방법

1. 호흡으로 기(氣)에너지를 흡수한다

자기가 가진 영능력을 모르는 사람

 필자는 독자 여러분들이 훌륭하게 영능력을 발휘하기 바라고 있다. 더구나 하루라도 빨리 조금이라도 차원 높은 영능력을 여러분 스스로가 조절할 수 있기를 바란다.
 지금까지 되풀이 하여 말했듯이 누구나가 잠재적으로 영능력을 지니고 있다. 우연한 기회에 자신에게 있는 영능력을 알게 된 사람은 가능한 한 그 힘을 이용하려고 노력하게 되므로 더욱 영능력이 개발되는 것이다.
 그런데, 그 우연한 계기가 지금까지 한번도 없었기 때문에 자기가 영능력이나 초능력과는 전혀 인연없는 보통 사람이라고 생각하는 경우가 대부분이다.
 필자는 이와 같이 자신이 지니고 있는 영능력을 깨닫지 못하고 활용 못하는 사람들은 크게 손해보고 있다고 생각한다.
 만일 선천적으로 음악적 재능이 있으면서, 활동기에 한번도 노래다운 노래도 부르지 못하고 악기도 만져보지 못했다면 매우 애석한 것과 같다. 머리가 좋고 학업성적이 우수한 소년이 가정 사정으로 진학을 포기하게 된다면 이것도 개인적으로나 국가적으로 큰 손실이다.
 이와 마찬가지로 태어나면서 영능력을 갖추고 있고, 훈련에 따라서는 높은 차원의 영능력자가 될 가능성이 있는데도 대부분 사람들은 이것을 알지 못하고 일생을 허송세월하는 경우가 많은 것은 안타까운 일이 아닐수 없다.

그러나 그중에는 영능력의 존재를 느끼고 있으므로 가능하면 자신도 영능력자가 되고 싶다고 생각하는 사람이 있을 것이고, 관심이 강하니까 그동안 영능력을 개발하려고 마땅하다고 생각되는 스승을 찾아 수련을 쌓았을지도 모른다.

그런데 아무리 수련을 쌓아도 별로 효과가 나타나지 않고 수련 그 자체도 고통과 인내의 연속이므로 결국은 자신에게는 선천적으로 재능이 없다고 단념한 사람도 있을 것이다.

만일 그렇다면 그것은 당신에게 책임이 있는 것이 아니고 수행하는 방법에 문제가 있는 것이라고 생각한다.

필자가 지금까지 영능력 개발을 위해 훈련을 지도해온 경험에 의하면, 어떤 사람도 2~3개월간 매일 지속적으로 훈련을 계속하면 예지 능력과 투시력, 그리고 스스로 느낄 수 있는 영능력이 개발되게 마련이다.

실제적인 훈련 성과를 종합하여 누구나 알기 쉽게, 또한 가장 빠른 시일 안에 효과가 나타나는 방법이 여기 소개하는 프로그램이다.

영능력 개발은 기본으로 정해진다

이미 짐작하리라고 생각되지만 앞에서 소개한 훈련법은 대부분 요가와 공통되는 점이 많다. 손이나 발의 관절을 부드럽게 하고 휘어진 등뼈를 교정하는 것이 그 훈련 목적이었다. 그러나 오해 없기를 바라는 바는 그러한 훈련의 반복만으로 영능력이 개발되는 것은 아니라는 점이다.

영능력 개발을 위한 기본적 프로그램은 우선 첫째로, 관절을 중심으로 몸을 부드럽게 풀어주고 영능력 개발을 위해 필요한 기 에너지가 원활하게 순환될 수 있는 상태를 만드는 일이다. 그리고 두번째로, 호흡법에 의해 우주에 편재하고 있는 에너지 (프라나)를 대량으로 또한 적극적으로 받아들이는 일이다. 이 호흡법에 맞추어 앉는 자세도 중요하다.

또한 세번째는 적극적으로 흡수되어 몸안을 순환하고 있는 프라나 에너지와 생명력의 근원인 군다리니를 7개소의 챠쿠라에 집중시키고 그곳에서 챠쿠라를 눈뜨게 하므로서 영능력을 개발하는 것이다.

물론, 요가의 행법(行法)을 이용하여 건강한 몸을 만들려는 목적뿐이라면 앞에서 설명한 것과 같은 훈련을 매일 실천하므로서 충분하다. 그 훈련만으로 몸을 건강하게 할 수 있다. 또 그만한 효과는 틀림없이 나타나게 된다.

그러나 여기에서 훈련하는 목적은 단순한 몸의 건강만이 아니다. 소위 영능력을 개발시키기 위한 준비단계인 것이다. 따라서, 앞에서 설명한 훈련은, 말하자면 로케트 발사 직전에 세밀히 로케트를 점검하고 상태가 좋지 않은 곳을 정비하는 것과 같다.

결국 로케트를 점검하여 잘못된 곳을 수리하거나 교체하는 것은 결코, 로케트의 정비 자체가 목적이 아니다. 완전 무결한 상태에서 우주로 비행하는 것이 목적이다.

그러므로 여기에서 소개하는 호흡법이나 좌법(座法)을 로케트와 비유한다면, 우주 비행에 필요한 연료의 충분한 보급과 같다.

자연적 호흡으로는 프라나를 흡수할 수 없다

그런데, 호흡법이라고 할 때 그 방법은 남에게서 배우지 않아도 누구나 별로 불편이 없다. 낮이나 밤이나 호흡이 중단된 일은 없었고 그렇기 때문에 지금까지 살아온 것이다.

그러나 영능력을 눈뜨게 하는 에너지를 대량으로 흡수하기 위한 호흡은 보통 호흡과 다르다. 평소와 같이 호흡하고 있는 한, 우리 주위에 가득 찬 우주에너지가 대량으로 몸 안에 흡수되지 않는다. 최소한 건강을 유지할 정도로 몸안에 흡수된다. 그러나 이 에너지를 적극적으로 끌어들이기 위해서는, 나름대로의 몇가지 호흡법이 있는 것이다.

물론 산소의 충분한 흡수가 육체적인 차원에서의 활동과 건강에도 도움이 되는 것은 틀림없다. 더욱이 그것은 과학적으로도 증명되고 있다.

한편, 우주 에너지(프라나)의 존재나 작용은 과학적으로 설명할 수도 증명할 수도 없고 보통 사람의 감각(육체적 감각)으로는 확인할 수도 없다.

앞에서 설명한 바와 같이 지금은 아직 물리적 차원에서 작용하는 기 에너지의 존재만을 간신이 밝힐 수 있는 단계에 불과하다. 그렇다고 보이거나 느낄 수 없는 것을 존재하지 않는다고 단언할 수는 없다.

그것은 원래 물리적인 차원에서만 작용하는 법칙에 불과하며, 영적 차원에서는 통용되지 않는 것이기 때문이다.

프라나 에너지의 존재와 작용은 과거 수천년 동안 요가의 행자(行者)와 표현 방법은 달라도 다른 종교의 무수한 수도자들 체험에 의해 증명되어 왔다.

그러므로 호흡법에 있어서 무엇보다 중요한 것은 육체적인 감각으로 느낄 수 없는 우주의 생명 에너지를 존재하는 것이라고 느낄 수 있는 상상력이라고도 할 수 있다. 숨을 들이쉬면서 '지금, 이 공기와 함께 우주에 가득차 있는 고차원의 에너지가 몸 안에 흡수되고 있다'고 느끼고, 숨을 토하면서 '몸 안에서 작용한 고차원의 에너지를 내뱉고 있다'고 진심으로 느끼는 것이 호흡법의 효과를 상승시킨다.

사실상 똑같은 호흡법이라 하더라도 보다 강력한 상상력을 발휘할 수 있는 사람이 육체적 차원에서의 건강이나 또 영적 차원에서도 한층 더 숙달 속도가 빨라진다.

2. 영능력을 개발하기 위한 좌법

기(氣)에너지를 온 몸에 순환시킨다

　호흡법을 연습하기 전에 반드시 알아둘 것은 기본적인 앉는 법, 다시 말해 좌법(座法)이다. 앉은 자세가 좋지 않으면, 호흡법에 의해 에너지를 흡수해도 순환 도중에 기 에너지의 흐름이 막히고 온 몸에 일곱 군데 있는 챠쿠라도 눈뜨지 못하기 때문이다.
　관절을 유연하게 하는 훈련에서는 여러가지 자세를 취하는데, 호흡법의 연습이나 영능력 개발을 위한 정신 집중에서는 기본적인 좌법이 정해져 있다.
　이 좌법은 요가나 좌선을 수행할 때의 좌법과 공통점이 있는데, 장기간의 경험을 통해 그 자세가 가장 사람에게 유익하다는 것이 증명되었다.
　그런데, 이제부터 소개하는 이들 좌법은 초보자가 처음 부터 원칙을 지키려고 할 때 어려움이 있을 것이다. 다리가 구부러지지 않거나 아파서 1분간도 견딜수 없는 경우가 있을 것이다. 그러나 앞에서 소개한 관절을 유연하게 하는 훈련을 매일 계속하면 늦어도 1~2개월 이내에 제대로 앉을 수 있게 된다.

〈기본적인 좌법 1〉

연화(蓮花) 좌법(남녀 공통)

이같은 자세를 요가에서는 '연화(蓮花) 좌법'이라고 한다. 좌선(座禪)에서는 '결가부좌(結跏趺座)'에 해당된다.

양쪽 발을 교차(交叉) 시키고 서로 발을 반대쪽 허벅지에 얹는다. 양쪽 발바닥이 위를 보게 하고 또한 양쪽 발굼치를 골반에 닿게 하는 것이 올바른 자세다.

이것은 모든 좌법(座法)에 대하여도 해당되는 것인데, 어째서 걸상에 앉거나 꿇어 앉는 자세가 나쁘냐면 이것들은 모두가 불안정 하거나 몸의 일부분에 긴장감을 주기 때문이다.

예를 들면, 걸상에 앉아서 윗몸을 곧바로 유지시킬 수 있는 시간은 누구나 길지 못하다. 등의 근육을 긴장시키지 못하면,

연화의 좌법

윗몸을 곧바로 세울 수 없기 때문이다. 몸이 반듯하지 못하고 몸의 일부가 긴장하고 있으면, 기에너지가 몸의 구부러진 부위나 긴장된 곳에서 정체된다. 그렇게 되면 영능력을 개발하기 위해 챠쿠라를 잠깨우기가 어렵기 때문이다. 꿇어앉는 자세로 마찬가지이다.

이런 자세와는 달리 여기에서 소개하는 좌법에 익숙하면 1시간이나 2시간이나 상반신을 편하게 곧바로 유지시킬 수 있다.

요가의 수행자들은 이 좌법으로 앉으면 앉아 있는 자세만으로 하복부에 기력이 가득차고, 몸이 따뜻해진다고 주장한다. 히마라야 산의 눈 속에서도 추위를 느낄 수 없고 주변의 눈이나 얼음도 녹을 정도라고 한다.

처음에는 제대로 자세가 잡히지 못하지만, 관절이나 등뼈를 부드럽게 하는 훈련을 계속하는 동안에 몸 전체가 유연성을 유지할 수 있게 되고 반드시 무리없이 앉을 수 있게 된다.

또한 제대로 다리를 교차시키고 앉을 수는 있으나, 5분 정도에서 견딜 수 없는 사람은 보조 수단으로 방석을 궁둥이 밑에 깔으면 훨씬 편해질 수 있다.

그런 상태에서 좌법에 익숙하면 이윽고 방석이 불필요하게 된다. 처음 부터 이 좌법이 무리하다고 하여 걸상에 앉아서는 안된다.

〈기본적인 좌법 2〉

성취(成就)의 좌법(남성용)

 요가에서는 '성취(成就)의 좌법'이라고 하고, 선(禪)에서 말하는 '반가부좌(半跏趺座)'라고 한다.
 이 좌법은 남성만의 자세이다.
 우선 왼쪽 다리를 굽혀 회음(會陰) [항문과 남성 성기의 중간]의 부드러운 부위에 발 뒷굼치를 붙이고 발바닥을 허벅지 안 쪽에 댄다.
 다음에 오른쪽 다리를 굽혀서 왼쪽 장단지 위에 얹는다. 치골(恥骨)이라고 하는 성기의 바로 위 부위에 있는 뼈에 발 뒷굼치를 대고 가볍게 잡아 당긴다.
 다음에 오른쪽 발 끝을 왼쪽 다리의 허벅지와 장단지 사이에

성취의 좌법

밀어넣는다. 왼쪽 발 끝은 오른쪽 다리의 허벅지와 장단지 사이에 끼운다. 양쪽 무릎이 완전히 마루바닥에 닿고 왼쪽 발 뒷굼치가 겹쳐진 상태가 올바른 자세다.

하지만 초보자는 아직도 다리나 고관절(股關節)이 굳어있으므로, 간신이 다리를 꼬고 앉을 수는 있으나 곧, 다리가 아파오거나, 무릎이 바닥에서 멀어지게 된다. 이렇게 되면, 아무래도 허리에 힘이 주어져 긴장하게 된다. 앉았을 때, 몸의 일부가 긴장하게 되면 호흡법에 의해 받아들인 프라나 에너지도 흐르기 어렵고 정체되기 때문이다. 또, 다음에 소개하는 정신집중법에서도 긴장하는 부위에 정신을 빼앗겨 충분하게 정신이 집중되지 못해 효능이 저하된다. 그러므로 불안정한 자세 때문에 허리가 긴장되면 얇은 방석을 두겹 접어 궁둥이 밑에 깔면 두 무릎이 마루바닥에 닿아 안정된 자세를 유지할 수 있게 된다.

물론 몸의 관절을 부드럽게 하는 훈련이 숙달되면 문제없이 올바른 좌법으로 앉을 수 있게 된다. 이 자세로 1시간이나 2시간 이상 앉아 있게 되면, 여러분은 좌법에 숙달됐다고 말할 수 있다.

이 '성취의 좌법'은 남자와 여자가 각기 다른데 이것은 남성만의 좌법이다.

〈기본적인 좌법 3〉

성취의 좌법(여성용)

이 자세는 엄격하게 요가 행법을 하려는 여성을 위한 성취의 좌법인데, 극히 최근까지 구전(口傳)으로만 전해져 왔다. 요가에서도 전해 온 기록에는 없었기 때문이다.

이것은 다리를 꼬는 방법에 따라 여성의 생식기(生殖器) 계통을 통제하고 프라나 에너지의 흐름을 원활히 하는데 목적이 있다.

이것은 거의 남성을 위한 '성취의 좌법'과 비슷한데, 여성이 이 좌법을 행할 경우에는 원칙적으로 속옷을 입지 않는 편이 좋다.

우선 왼쪽 다리를 굽히고, 발뒷굼치를 대음순(大陰脣) 속으로

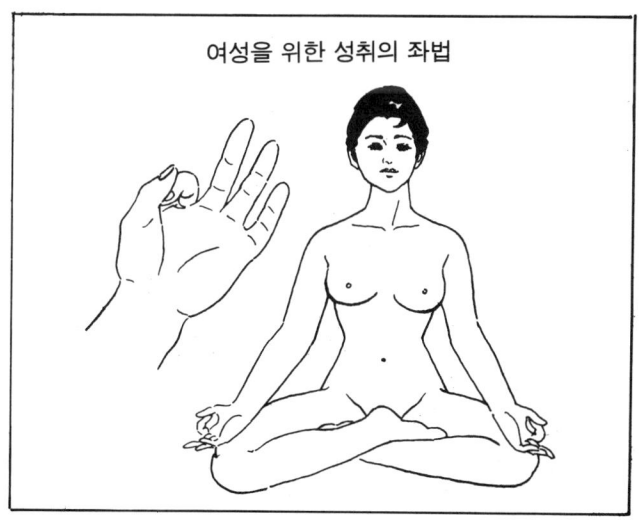

여성을 위한 성취의 좌법

밀어넣는다. 속옷을 입지 않는 것을 원칙으로 한다는 것은 바로 이 때문이다.

다음에 오른 쪽 다리를 굽혀 왼쪽 다리의 장단지 위에 얹는다. 발뒷굼치를 치골(恥骨)에 대고, 살짝 민다. 오른쪽 발끝을 왼쪽 다리의 허벅지와 장단지 사이에 밀어 넣고, 왼쪽 발끝은 오른쪽 다리의 허벅지와 장단지 사이에 끼운다. 두 무릎을 완전히 마루바닥에 닿게 하고 왼쪽과 오른쪽 발뒷굼치가 겹쳐진 상태가 올바른 자세다. 그리고 이 좌법은 항상 그림과 같이 손가락 모습을 갖추어야 된다.

손가락 모양은 양쪽의 검지 손가락을 뒹굴리듯 안으로 굽혀서 양쪽 엄지손가락 뿌리쪽에 대고, 나머지 인지, 약지, 새끼손가락 셋은 쭉 편다. 이때 손바닥은 위를 향한다. 이 모양의 손을, 여성용 성취의 좌법에서는 앉은 무릎 위에 얹혀 놓는다.

그런데, 이것은 다른 좌법에 서로 공통된 것이지만, 꼬은 다리는 이따금 오른쪽과 왼쪽을 교대하는 것이 좋다. 위에 있는 발과 밑에 있는 발을 교대하는 것이다.

그 이유는 오랫동안 같은 모양으로 다리를 꼬고 앉으면, 등뼈와 허리 뼈에 힘이 무리하게 가해져서 잘못되기 쉽기 때문이다. 적어도 2~3개월에 한번은 교대하기 바란다.

물론 몸을 유연하게 하는 훈련을 같이 병행하면 이것을 예방할 수 있다.

3. 에너지를 흡수하는 호흡법

주위에는 에너지가 가득 차 있다

말할 것도 없이 우리가 평소 호흡하는 것은 몸 안에서 에너지가 연소될 때 필요한 산소를 받아들이고, 반대로 불필요해진 이산화 탄소를 배설시키기 위해서다.

이것은 생리적인 호흡이며, 사람에게 있어서는 절대로 불가결한 요소이다. 만약 2~3분 동안이라도 호흡이 정지되면 그 사람은 질식해서 죽게 된다.

그러나 이제 부터 소개하는 호흡법은 그와 같은 생리적 호흡이 아니다. 질식하지 않으려면 호흡행위를 의식하지 않는 평소 호흡법으로 만족할 수 있다.

그러나 영능력을 눈 뜨게 하는 호흡법은 산소 뿐만이 아니라 우주에 충만된 생명 에너지까지 흡수하여 몸에서 순환시키고 동시에 그것을 챠쿠라에 집중시켜 영능력을 발휘토록 하는 것이다.

여기에는 몇가지 기본적인 원칙이 있는데, 숙달되면 그다지 어려운 것이 아니다. 관절을 부드럽게 하는 훈련 처럼, 초보자에게 무리하다거나, 기본 좌법과 같이 방석의 도움이 필요한 것도 아니다.

그러나 익숙해지기 까지는 시간이 필요하고 숙달될 때까지 힘들겠지만 중간 과정을 생략하지 말고 정확하게 호흡법을 연습하면 유종의 미를 거둘 수 있다.

〈호흡법에서의 주의사항〉

① 방광・위장・대장(大腸) 등은 호흡법을 시작할 때, 비워 있어야 할 것. 따라서 식사 후 적어도 3 시간이 지나 용변을 마친 뒤에 시작할 것.

② 호흡법은 훈련이 끝나고 명상(瞑想 : 정신집중)에 들어가기 전에 할 것.

③ 호흡법을 하고 있는 동안은 몸을 되도록 편안하게 한 상태를 유지하고 윗몸을 곧바로 세울 것.

④ 숨을 정지할 경우는 무리하게 오래 멈추지 말 것. 기분좋게 느낄 수 있는 범위 안에서 하지 않으면, 폐에 장애를 일으킬 경우가 있다.

⑤ 공기가 깨끗하고 환기가 잘 되는 곳에서 할 것. 불결한 냄새나 담배 연기, 먼지가 가득 찬 곳에서는 하지 말 것. 또 바람이 심하게 부는 곳도 금물이다.

⑥ 호흡법을 하는 사람은 담배나 대마초 그 밖의 마약류를 결코 마시지 말것.

⑦ 호흡법을 시작한 초기 단계에서는 사람에 따라서 변비, 설사를 하거나 소변의 양이 적어지거나 할 경우가 있다.

어느 것이나 일시적인 것이지만, 변이 굳어지거나 변비가 될 경우에는, 소금이나 향신료를 쓰지 말것. 반대로 묽은 변이나 설사 기운이 있을 경우는 며칠 동안, 호흡법을 그만두고 쌀밥이나 요구르트를 많이 섭취할 것.

〈호흡법 1〉

복식 호흡과 일반 호흡의 결합

이 호흡법은 요가의 행자(行者)가 수행하는 호흡법이다. 그들은 장기간의 습관을 통해, 이 호흡법을 실천해 왔다. 그렇다고 해서 별다른 호흡법이 아니다. 복식 호흡과 일반 호흡을 결합시킨 호흡이다.

복식 호흡은 배를 부풀리는 것으로, 횡격막(橫隔膜)을 밑으로 내리면서 가슴의 부피를 크게하고 폐(肺)에 공기를 넣는다. 숨을 토할 때에도 아랫 배를 가급적 밀어넣고 횡격막을 위로 올리면서 폐에서 공기를 토해낸다.

결국 가슴이나 어깨를 움직이지 않고 숨을 쉬는 방법인데, 남성 중에는 무의식적으로 이 호흡법을 평소 하는 사람들이 있

복식 호흡과 흉식 호흡의 조화

다.

일반 호흡이란 복식 호흡과는 반대로, 가슴을 폈다 굽혔다 하여 배를 움직이지 않는 호흡인데, 솔직히 말하면 여성에게 많다. 여기에서 소개하는 호흡법은 그 2가지 방법을 혼합한 것으로 다음과 같다.

① 우선 배를 부풀려, 천천이 숨을 들이 마신다. 이 때는 가슴을 움직이지 않는다.

② 다음에 가슴을 펴서, 같은 방법으로 천천이 숨을 들이 마시는데, 더 이상 들이 마실 수 없을 때 까지 계속 들이마신다. 배에서 가슴으로, 천천이 중간에 중단되지 않도록 계속하는 것이 중요하다.

③ 숨을 토할 때는 우선 편 가슴의 힘을 빼고, 계속 배의 힘을 빼면서 천천이 숨을 토하는 것이다.

④ 마지막으로 배를 들이밀고 폐 속의 공기를 모두 짜내듯이, 더 이상 짜내보낼 것이 없을 때까지 토한다.

이 호흡을 하루 종일 자연스럽게 할 수 있게 되면, 정식 호흡법도 충분히 효과적으로 할 수 있게 된다. 물론 평소 이 호흡법을 할 경우는, 연습할 때 처럼 최대한으로 숨을 들이마시거나, 토할 필요가 없다.

매일, 호흡법을 하기 전에, 이 복식 호흡과 일반 호흡을 계속하는 호흡을 연습하면, 몇주일 사이에 의식하지 않고 평상시 처럼 할 수 있게 된다.

또, 이 호흡법만으로 호흡기가 강화되어 감기나 기관지염(氣管支炎), 천식에 걸리지 않게 되고, 정신도 안정되며, 기력이 충실해져서 피곤을 모르게 된다.

〈호흡법 2〉

의식을 집중시키는 호흡법

이 호흡법은 정신 집중을 철저하게 심화(深化)하는데 있어서 불가결한 준비단계이고, 이것을 실행하면 몸 안의 나디(프라나·에너지의 통로)가 깨끗해지므로 프라나가 순조롭게 순환된다. 또, 육체적인 면에서도 혈액 속의 독소가 완전히 배출되어 신선한 피로 충만된다. 그 결과로 뇌세포의 기능도 활발해지고 머리도 상쾌해진다. 또한 마음이 고요해지면서 정신적 안정이 되살아나고 예정된 정신 집중에 전념할 수 있는 준비가 정돈된다. 이 호흡법은 전부 4단계로 구성되어 있는데, 반드시 중간 과정을 생략하지 말고 한 단계씩 완전히 숙달한 후 다음 단계로 이동하는 것이 중요하다.

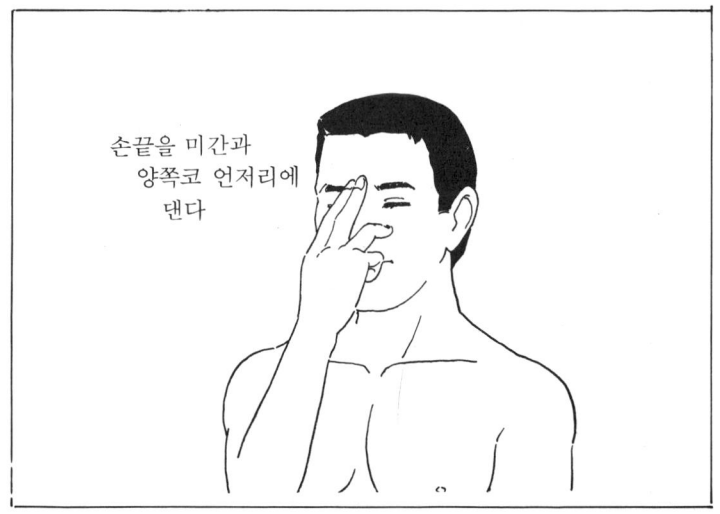

손끝을 미간과 양쪽코 언저리에 댄다

환기가 잘 되는 방에 전술(前述)한 기본 좌법 중 한가지 방법으로 앉아 두 손을 무릎 위에 얹고, 상반신을 곧바로 유지하면서 온 몸을 편하게 한다. 눈을 감고 잠시 동안 조용히 일반호흡을 하면서 자기의 몸과 호흡을 의식한다.

제1단계

① 왼손은 무릎에 놓은 채, 오른쪽 손을 얼굴에 가져가고 검지 손가락과 가운데 인지를 그림과 같이 미간(眉間)에 댄다.

제1단계에서 제4단계 까지 이 호흡법은, 검지 손가락과 인지 손가락 두개를 미간에 댄다.

② 엄지 손가락을 오른쪽 콧망울, 네째 손가락을 왼쪽 콧망울에 가볍게 댄다.

③ 엄지손가락으로 오른쪽 콧망울을 가볍게 눌러 막고, 왼쪽 콧구멍으로 숨을 들이쉬고 내쉰다. 보통 속도로 5회 들이쉬고 내쉬는 동작을 한다.

④ 오른쪽 콧구멍을 벌리며 이번에는 왼쪽 콧망울을 가볍게 네째 손가락으로 누르고, 오른쪽 콧구멍을 통해 호흡한다. 보통 속도로 5회 호흡을 반복한다.

⑤ 좌우의 콧구멍으로 다섯번씩 호흡하는걸 1단위로 하고 이것을 25회 반복한다.

이 단계에서는 심호흡이 필요하지 않으나 공기의 출입 소리가 들리지 않도록 조용히 호흡하는 것이 중요하다.

제1단계를 15일간 반복 연습한다.

제2단계

① 엄지 손가락으로 오른쪽 콧구멍을 막고 왼쪽 콧구멍으로

숨을 들이쉰다.

② 왼쪽 콧구멍으로 다 들이마셨을 때, 오른쪽 콧구멍을 열고 왼쪽 콧구멍을 네째 손가락(약지)으로 막고, 오른쪽으로 숨을 내쉰다.

③ 계속해서 오른쪽 콧구멍으로 숨을 들이쉰다.

④ 다 들이마시면 오른 쪽 콧구멍을 막고 왼쪽 콧구멍으로 내쉰다.

요컨대, 오른쪽과 왼쪽 콧구멍을 교대로 숨을 들이쉬었다 내쉬는 것이다. 이 단계에서 중요한 것은 들이 쉬는 숨의 시간과 내쉬는 시간을 같게 하는 것이다. 예를 들면, 들이쉴 때 3초 걸리면 내쉴 때도 3초 동안 토한다.

특히 몸에 이상이 있는 사람은 하하, 허허— 하면서 마시는 시간이 짧고, 내뱉는 시간이 길어지는 경우가 있고, 천천이 들이마신 탓으로 내뱉을 경우는 빨리 내뱉게 되는 경향이 있으므로 주의하기 바란다.

호흡하는 시간은 각자가 무리하지 않을 정도로 정하는 것이 좋은데, 조금씩 길게 연장하는 것이 이상적이다. 다만 시간이 길었을 경우, 조금이라도 숨막힐듯한 괴로움을 느꼈을 때는 짧게 할 것. 결코 무리를 해서는 안된다.

⑤ 15일 동안이나 또는 그 이상, 제 2단계를 연습한다.

제3단계

비교적 힘든 호흡법이므로 제1단계와 제2단계를 완전히 숙달한뒤 시작한다.

① 오른쪽 콧구멍을 막고 왼쪽 콧구멍으로 숨을 들이쉰다.

다 들이마신 뒤, 양쪽 코를 손가락으로 눌러 막고 다섯을 세는 동안 숨을 멈춘다.

숨을 정지할 때는 한껏 들이쉰 숨을 그대로 유지한다는 느낌으로 멈춘다.

② 다음에, 오른쪽 콧구멍으로 숨을 내쉬고, 그상태에서 즉시 오른쪽 콧구멍으로 숨을 들이쉰다. 물론 왼쪽 콧구멍은 막은 상태다. 다 들이마시면, 다시 양쪽 콧구멍을 막고, 다섯을 세는 동안 숨을 정지한다.

③ 왼쪽 콧구멍을 열고 숨을 내뱉는다. 오른쪽 콧구멍은 막은 채로 둔다. ①에서 ③까지를 1단위로 하여 25회 반복한다.

이상의 호흡법을 며칠 동안 연습하여 익숙해지면, 다음에는 일정한 리듬에 따라 숨 들이쉬기, 숨 멈추기, 숨 내쉬기를 할 수 있도록 연습한다.

우선 숨 들이쉬기, 숨 멈추기, 숨 내시기의 길이의 비율을 1 : 2 : 2로 정한다.

결국 5초 동안 숨을 들이 마시면, 10초 동안 숨을 멈추고, 10초 동안 숨을 내쉬는 것이다.

이 호흡법을 몇일간의 연습으로 익숙해지면, 이번에는 들이쉬는 시간을 1초간 늘리고 멈추고 내쉬는 시간을 2초씩 증가한다. 즉, 6초 동안 숨을 들이쉬고 12초 동안 숨을 멈추며, 12초 동안 천천이 내쉬는 것이다.

이 비율[결국 숨 들이쉬기 · 숨 멈추기 · 숨 내쉬기=6초 · 12초 · 12초 라는 긴 시간의 호흡법]에서 전혀 불편을 느끼지 않게 되면, 숨 들이쉬기 숨 멈추기, 숨 내쉬기의 시간 비율을 바꾸지 말고 각각의 시간을 길게 조절한다.

예를들면 7초 · 14초 · 14초 또는 8초 · 16초 · 16초 등으로 조절한다. 이것을 몇주간 연습한 다음 이번에는, 시간의 비유을 1 : 4 : 2로 바꾼다.

여기에 대하여도 불편하지 않으면 다시금 1 : 8 : 6으로 변경한다. 이것이 마지막 시간 배정이다.

숨 들이쉬기 · 숨 멈추기 · 숨 내쉬기＝1 : 8 : 6의 비율로 호흡법을 25회, 계속해서, 편하게, 또한 한번도 쉬지않고 잘 할 수 있게 되면 다음 4단계로 진행한다.

제4단계

① 우선 왼쪽 콧구멍으로 숨을 들이쉰 다음 멈추고, 오른쪽 콧구멍으로 숨을 내쉬고 멈춘다.

② 다음에 오른쪽 콧구멍으로 숨을 들이쉰 다음, 멈추고 왼쪽 콧구멍으로 숨을 내쉬고 멈춘다.

이상의 과정을 1단위로 하고 이것을 15회 반복한다.

숨 들이마시기, 숨 멈추기, 숨 내쉬기 숨 멈추기의 시간 비율은 1 : 4 : 2 : 2로 정한다.

이 비율로, 처음은 너무 시간이 길지 않게 호흡하고, 천천이 시간을 연장하며 연습한다.

가능한 한 시간적으로 깊고 길게 호흡하며, 특히 리듬, 율동적인 점이 이 호흡법의 핵심이다. 제2장에서 설명한 바와 같이, 자연발생적인 영능력의 경우는 몸의 기능이 불안정하게 활동되지만 이와는 반대로, 진정한 영능력[이른바 자각되고 있고, 조절되는 영능력]을 발휘할 수 있는 영능력자는 호흡과 심장의 작용이 극히 조용하고 특히 율동적이다.

호흡과 심장의 작용은 밀접한 관계에 있으므로 거칠고 **빠른**

호흡일 경우에는 심장도 두근두근 방망이질 하듯 움직이고, 깊게 천천히 호흡할 때는 심장도 여유있게 동작한다.

반대로 설명하면, 신체적인 작용이 이와 같이 진정되지 못하면 챠쿠라에 정신이 집중되지 않으므로 따라서 영능력도 발휘될 수 없다.

이와 같이 정신 집중이 심화(深化)되고 챠쿠라가 눈 뜨게 되면 5~6분이나 10여분간 호흡이 정지된 것 같이 된다. 사실상 멈춘것은 아니나, 조용하고 잔잔한 호흡이 천천이 오랫동안 무리 없이 진행되는 것이다. 반대로 말하면, 그 정도 조용하게 호흡할 수 없으면 챠쿠라가 눈뜨지 않는다는 뜻이다. 그런 점에서 이 호흡법은 극히 중요한 것이므로 철저하게 연습하여 실천하기 바란다.

좌우의 콧구멍을 활용하는 호흡법이 '나디이'를 정화시키는 이유는 좌우의 콧구멍이 생명 에너지를 체내의 각 장기(臟器) 조직에 보내는 '이다'와 '핑가르'라는 2개의 큰 '나디이'와 연결되어 있고, 좌우의 콧구멍을 교대(交代)하면서 의식적으로 호흡하면 깨끗하게 정화될 수 있기 때문이다.

또, 지나친 무리는 피하는 것이 현명하다. 장시간의 호흡이 필요하다고 무리하면 폐에 이상이 생기거나 가벼운 두통같은 장해가 나타날 때가 있다.

〈호흡법 3〉

신체적 기능을 높여 주는 호흡법

주변 사람과의 접촉에서 알 수 있듯이, 저 사람은 어째서 늘 저렇게 원기왕성하고 활기찬 인생을 보낼까 할 정도로 부럽고, 반대로 어떤 사람은 무슨 재미로 살까 할 정도로 의기소침한 사람이 있다.

원기가 좋다거나, 기운이 없다고 하는 것은 체력만의 문제가 아니다. 항상 같은 것이 아니고 날짜에 따라 미묘하게 다른 경우가 있기 때문이다. 체력 차이로 원기의 유무가 정해진다면, 체격이 좋을수록 무기력한 사람은 없어야 된다.

요가에 의하면, 사람의 활력을 좌우하는 것은 몸 속에 잠자고 있는 근원적인 생명 에너지를 자극하여 이것을 활성화할 수 있느냐의 여부(與否)에 달려있다는 것이다. 그 에너지는 평소 때, 미저골(尾底骨)의 끝 부분에 있는데, 늘 잠자고 있는 상태이다. 결국 활용되지 않고 있다. 그러나 어떤 자극을 주면 그 에너지가 눈뜨기 시작하고 미저골에서 차츰 상승되어 배에서 가슴, 가슴에서 머리로 올라가는 것이다.

이 에너지를 군다리니라 부르는데, 지금까지 설명해 온 우주에 충만된 프라나 에너지와 근원적으로 하나였으나, 우주가 창조될 때 둘로 분리되어 프라나와 대립되는 힘이 되었다. 그것은 음양(陰陽)처럼 균형을 유지해 우주를 창조했고, 그 후로는 소우주(小宇宙)라고 할 수 있는 인체의 미저골 끝에서 잠자고 있다. 그렇지만 우주 에너지는 호흡법에 의해 몸 안에 흡수하여야 된

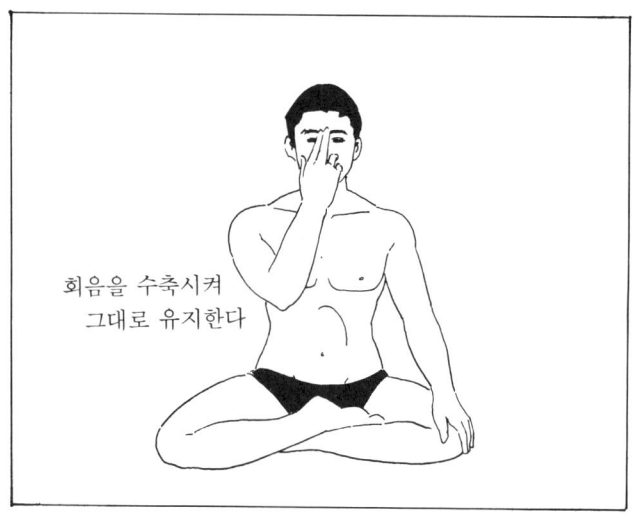

회음을 수축시켜
그대로 유지한다

다.
　영능력을 개발하기 위해서는 우주 에너지를 흡수함과 동시에 몸 안에 잠자고 있는 군다리니를 눈 뜨게 하고, 또 챠쿠라 있는 곳에서 합류시키지 않으면 안된다.
　이제부터는 그와같은 군다리니를 눈뜨게 하는 호흡법을 연습하기로 한다.
　우선, 자세는 앞에서 설명한 기본적인 좌법중 어느 것도 좋다. 윗몸을 반듯하게 세우고 온 몸을 편안하게 유지한다.

제1단계

　① 전술한 '의식을 집중시키는 호흡법'과 같이 오른 손의 검지와 가운데 손가락을 미간(眉間)에 대고 엄지손가락을 오른쪽 콧망울, 네째손가락을 왼쪽 콧망울에 댄다.

② 오른쪽 콧구멍을 막고 왼쪽 콧구멍을 통해 되도록 빨리 호흡한다. 20회 반복하는데, 배를 급속도로 부풀렸다, 오그렸다 하는 것이 핵심이다.

③ 20회, 빠른 리듬으로 호흡이 끝나면, 마지막으로 깊이 숨을 들이쉬고, 양쪽 콧구멍을 막은 뒤, 숨을 정지하고 회음 부위를 수축시킨다.

즉, 숨을 정지함과 동시에 회음을 철저하게 수축시켜 그 자세를 유지한다.

이와같은 급속도의 리듬 호흡법으로 다량의 프라나 에너지를 단시간에 흡수하고, 군다리니를 자극한다. 또, 호흡 후 정지하고 회음 부위를 수축시키므로서 군다리니를 최고로 빨리 잠깨운다.

이때 회음 부위의 수축은 구체적으로 항문(肛門)을 죽 강하게 수축시키므로서 달성된다. 처음에는 그 자세의 유지가 상당히 어려운데, 그것은 항문의 근육이 약한 탓이고 반복적으로 연습하는 사이에 정상화 된다.

④ 무리하지 않고 호흡을 정지하면 회음의 수축을 풀고 숨을 토한다.

⑤ 이번에는 왼쪽 콧구멍을 막고 오른쪽 콧구멍을 통해 20회, 율동적으로 빨리 호흡한다.

⑥ 마지막으로, 숨을 깊이 들이쉰 다음 그대로 정지하고 다시 회음 부위를 수축한다.

⑦ 이상의 과정을 1단위로 하여, 3회 반복한다.

제2단계

제1단계와 내용은 같으나 이번에는 양쪽 콧구멍을 통해 호흡한다. 제1단계와 같이 20회 반복하며, 회음의 수축도 전과 같다.

  3회 되풀이 한다.

  이상이 이 호흡법이다. 처음 시작하는 사람은 20회 정도의 호흡 회수가 적당하나 익숙해지면 50회 정도까지 증가시켜도 된다. 또한 단위의 수효도 3회에서 5회로 늘릴 수 있다.

  특히, 이 호흡법을 연습할 경우, 처음 몇주간은 호흡의 속도를 조정하는 것이 현명하다. 지나치게 빠르면 무리하게 되어 폐(肺)에서 장해를 이르킨다.

  또한 호흡법 도중에 정신이 아찔해지거나 식은 땀이 나면 올바른 방법이 아닌 증거라고 할 수 있다. 격렬한 호흡이나 지나친 동작 때문에 호흡법 도중 얼굴이 비정상으로 굳어질 때는 보다 더 조용히 하도록 노력하여야 된다.

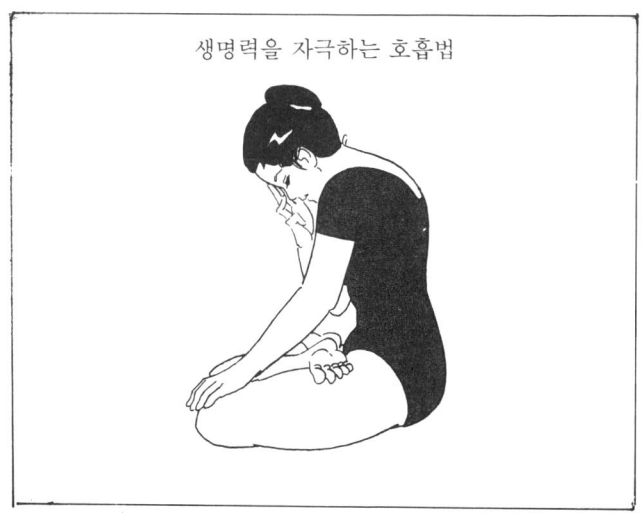

생명력을 자극하는 호흡법

〈호흡법 4〉

생명력(生命力)을 자극하는 호흡법

 이 호흡법을 계속적으로 연습하면 온 몸에 기운이 넘치고 피곤감을 못느끼며 활동할 수 있다.
 방법은 다음과 같다.
 ① 앉는 자세는 좌법 중 어느 것이나 좋으나, 상체를 똑바로 하고 마음을 편하게 갖는다. 오른 손을 얼굴에 댄다. 방법은 지금까지 하는 것과 같다.
 ② 네째 손가락으로 왼쪽 콧구멍을 막고, 오른쪽 콧구멍으로 깊이 숨을 들이마신다.
 ③ 양쪽 콧구멍을 막고, 숨을 멈추며 턱을 고정시키면서 회음 부위를 수축한다. 회음의 수축은 앞에서와 같고, 턱의 고정은 다음과 같이 한다.
 앉은 채의 자세로 머리를 앞으로 구부리고, 턱을 가슴에 밀착시킨다. 턱 끝으로 가슴 뼈를 느낄 정도 찰삭 대는것이 중요하다. 턱이 완전히 고정되면, 숨을 무리하지 않게 멈추는 동안 이 자세를 계속한다.
 그와 동시에 회음 부위를 수축시킨다. 숨을 멈추고 있는 동안 의식을 목에 있는 챠쿠라로 집중시킨다.
 ④ 30초 정도 숨을 멈춘 뒤, 우선 회음 부위 수축을 풀고, 다시 고정된 턱도 푼다. 턱을 고정시키는 동안만 호흡하면 안되므로 이 동안의 시간에 주의할 것.
 ⑤ 회음과 턱의 고정을 풀면, 오른쪽 콧구멍을 열고 숨을 내뱉

는다.

이상의 과정이 1단위이고 이것을 10회 반복한다. 이때에도 조금씩 숨의 정지시간을 길게 한다.

호흡법을 영능력 개발의 준비 단계로서 이 호흡법이 효과를 발휘하려면 무엇보다도 우주에 가득찬 프라나 에너지를 몸 안에 계속 흡수하고 있다는 생각, 즉 상상력이 중요하다.

물론 이같은 상상력 없이 호흡법만으로도 나름대로 효과는 있다. 특히, 육체나 의식 수준에서도 효과는 크다. 지금까지 고통받던 병이 완치되거나 마음에 안정감이 생기고 사소한 일에도 구애받는 경우가 해소된다. 그러나 이것만으로는 역시 영능력 개발에 있어서 효과적일 수 없다. 그 이유는 영능력의 개발은 상상력이 중요한 핵심이기 때문이다.

그리고, 어째서 이 호흡법이 생명력을 자극하게 되느냐 하면 생명력과 관계가 깊은 오른쪽 등뼈의 나디이(프라나의 통로)인 핑가라를 활성화시켜주기 때문이다.

4. 어떻게 에너지를 순환시키는가?

상상력 없이는 영능력이 개발되지 않는다

챠쿠라를 눈 뜨게 하는 준비 단계로서 먼저 훈련을 했고, 다음에 호흡법으로 우주 에너지를 몸 안에 흡수하는 방법도 배웠다.

이제부터는 이것을 종합하여 하나의 새로운 방법을 모색해 보자. 호흡법으로 몸 안에 끌어들인 프라나 에너지와 미저골 근처에서 잠자고 있는 군다리니를 합류시키는 것이다.

그러기 위해서는 '소주천법(小周天法)'이 가장 효과적인데, 이 행법(行法)에 필요한 것은 '상상력'이다. 상상력이란 눈에 보이지 않는 것을 생생하게 마음으로 묘사하는 능력인데, 이것은 사람에 따라 많은 차이가 있다. 이제부터 상세하게 상상력에 대해 말하고저 한다. 이제부터 말하려는 영능력 개발에는 무엇보다도 상상력의 역할이 큰 의미를 갖기 때문이다.

우선 두 눈을 감는다. 물론, 눈 앞은 깜깜할 것이다.

이번에는 그 어둠 속에서 무엇이거나 당신이 가장 좋아하는 것을 생각하기 바란다. 친구의 얼굴이라도 좋고, 연인의 모습이라도 좋다. 혹은 당신이 근무하는 직장의 모습이라도 상관 없다.

이때, 무엇인가를 머리 속에서 생각했을 때, 그려지는 영상(映像)을 '심상(心像)'이라고 부른다.

과연 당신은, 이 심상을 마음 속에서 움직여 볼 수 있을 것일까? 예를 들면 마음 속에 그린 연인의 모습에 갖가지 동작을 시켜볼 수 있을까?

마치, TV의 화면을 보듯이 선명하게 심상을 그릴 수 있고 더욱이 그것을 자유자재로 움직일 수 있다면, 아마도 당신은 영능력 개발의 최단거리를 갈 수 있게 된다. 무엇인가를 상상하는 힘 즉, 이미지를 그릴 수 있는 힘은, 그만큼 영능력의 개발과 깊은 관계를 갖고 있다.

영능력 중에는 테레파시가 있는데, 이것은 말을 사용하지 않고 머리 속에 떠오른 영상(映像)이나, 눈으로 보고 있는 광경을 상대방에게 전하는 능력이다.

이 테레파시 능력을 가진 사람의 심상은 보통 사람의 심상보다도 선명하다는 것이 확실하다. 다시 말해서 테레파시 능력을 가진 사람은 실제 눈으로 본 것 즉, 시각상(視角像)과 심상(心像)과의 사이에 거의 차이가 없다.

원래, 테레파시란 이미지를 선명하게 그려서 보내는 능력, 또한 그것을 받아보는 능력이므로 눈으로 보고 있는 광경과 심상이 거의 일치되고 있는 것이다.

하여튼, 영능력이 실제로 발휘될 때는 영능력자의 상상력이 극히 중요하게 작용하고 있는데, 현대인에게는 그와 같은 능력이 매우 빈약하다. 그 이유는 언어에 의지하는, 즉 지각상(知覺像)을 언어로 추상화시켜 전달하는 습관에 익숙해졌기 때문이다. 그리고 현대는 전화나 신문 등 언어나 활자를 중심으로 사회생활이 일반화되고 있기 때문이다.

만일 인간이 언어나 문자를 알지 못한다면, 자기가 본 것을 남에게 전하려 할 때, 본 것을 그림으로 그리거나 테레파시에 의지할 수 밖에 없다.

심상(心像)이 강한 사람은 영능력도 강하다

 전술한 바와 같이, 사람이 필요로 하는 곳에서는 자연스럽게 영능력도 꽃피운다. 지금도 미개한 곳에 사는 사람들 사이에는 심령수술인이 배출되고 있고, 초상현상(超常現象)도 흔하게 다반사로 일어나고 있다. 사람의 존재 근원을 생각해 볼 때, 과연 필요에 의해 그와 같은 초상현상을 발휘하고 있는 사람들과 문명이 발달되어 편리한 생활을 보낼 수 있게 되었으나 그런 힘을 잃어버린 우리 들과, 어느 쪽이 행복하다고 말할 수 있을 것인가?

 그런데 상상력은 영능력의 개발에 있어서 극히 중요하다고 앞에서도 말한바 있는데, 세상에는 놀라울 정도로 뛰어난 상상력을 지닌 사람이 있다.

 예를들면 기억력이 비상하게 좋은 사람이 있다. 그것도 언어로서 기억하는 것이 아니라, 영상(映像)이나 이미지로서 기억할 수 있는 사람이다.

 꽤 오래 된 옛날 영화에 '육군나까노학교(陸軍中野學校)'라는 것이 있었다. '나까노학교'란 스파이를 양성하는 기관이지만, 그곳의 입학시험이 조금 특이하였다. 어떤 방에 들어가 몇초 동안 방안 모습을 보여준 뒤 곧 밖으로 데리고 나와 나중에 방안의 모습을 자세히 물어보는 것이다.

 순간적으로 본 것을 기억하는 일은 스파이로서의 능력에 필요하겠지만, 불과 몇초 동안에 방안의 모습을 모두, 언어로 기억하기란 불가능하다. 사진으로 찍듯이, 머리 속에 이미지로서 정착시키고 더욱이 그것을 선명하게 재생(再生)시키는 이런 일에

능속한 사람이 적지 않게 있을 것이다.

혹은 주산을 하면서 암산에 탁월한 사람이 있다. 주산하는 사람의 암산은 머리 속에 그린 주판 알을 움직여 계산하는 방법이므로, 이것도 상당히 심상(心像)이 선명한 사람이 아니면 불가능하다. 흐리멍텅한 심상으로는 8자리 수나 10자리 수의 암산은 도저히 무리기 때문이다.

그러나 선천적으로 강한 심상을 가지고 태어나지 못한 사람일지라도, 앞으로 설명하는 '소주천법(小周天法)'과 '대주천법(大周天法)'에 숙달되면 어느 정도 영능력을 개발할 수 있게 된다.

5. 상반신에 에너지를 돌게 하는 법

이 방법으로 인간은 변한다

① 우선 좌법은 세가지 중 어느 것이라도 좋다. 자세는 지금까지 했던 것 보다도 더 상반신을 곧바로 유지하는 것이 중요하다.

② 천천이 배를 부풀리면서 숨을 들이쉰다. 숨을 들이마시면서 미저골 끝에 작은 빨간 불똥이 붙었다고 마음 속으로 생각하며, 들이마시는 숨과 같이 그 빨간 불이 등뼈를 거쳐 상승하는 모습을 상상한다.

③ 등뼈 속을 상승하는 군다리니(빨간 불)를 머리 끝(경혈에서 말하는 백회(百會)을 지나 미간까지 가져 간다. 여기까지를 숨을 들이쉬면서 상상한다.

④ 빨간 불이 미간까지 와서 숨을 다 들이마시면, 그곳에서 4~5초 동안 숨을 멈춘다.
동시에, 몸 안에 끌어들인 프라나 에너지와 군다리니를 미간에서 합류시킨다고 상상한다.

⑤ 숨을 토하면서, 미간에서 합류시킨 우주 창조 이전의 상태로 돌아간 에너지를 얼굴의 앞면과 목 밑으로 내려가게 한다. 몸의 한가운데를 상하로 통과하는 정중선(正中線)을 따라 내려가게 하는 것이 중요하다. 결국 심장 부위에 있는 챠쿠라와 명치 중간에 있는 챠쿠라를 그 에너지가 통과하게 된다.

⑥ 배꼽 아래 단전(丹田)까지 왔을 때, 토하는 것을 끝낸다.

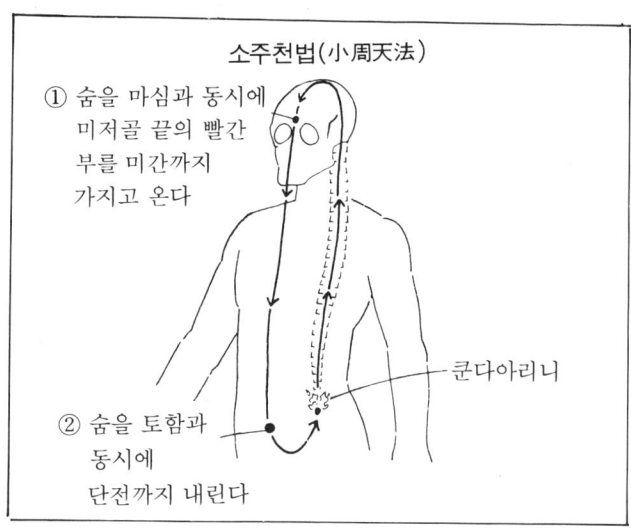

거기에서, 또 4~5초 동안, 숨을 멈춘다.

그렇게 하면서 다시 한번 군다리니(빨간 불)와 프라나 에너지를 그곳에서 합류시킨다.

⑦ 이상과 같은 상상적인 동작(실제로는 깊고 조용한 호흡)을 1회로 하고 이것을 14~21회 반복한다.

이상을 '소주천법(小周天法)'이라 부른다.

심상이 약하거나 의식 집중력이 약한 경우에는 빨간 불이 도중에서 꺼지고 마는 수가 있다. 그럴 경우는 다시 처음부터 시작한다.

이 '소주천법'을 실천하면 설령 영능력이 개발되지 못해도 감정의 균형이 잡혀 인격적으로 온화해지게 될 것이다.

예를 들면 감정작용이 심하게 증폭되고 희(喜)·노(怒)·애(哀)·락(樂)이 심한 사람도 침착한 인간으로 바뀌지며 노이로제나 자율신경실조증 같은 신경증상도 개선된다.

앞에서도 말했듯이, 이런 사람은 정서적인 에너지 그 자체는 강하지만, 불균형 상태이므로 이 소주천법에 의해 균형이 유지되고 매력적인 인격으로 다시 태어나게 된다.
 그러나 이와 같은 효과도 당신의 상상력 여하에 달려 있다. 상상력에 의해 사실상 에너지를 움직일 수 있는 것이므로, 시간이 지난 뒤에도 변화가 없으면 우선 상상력을 기를 것, 다시 말해서 강한 심상(心像)을 마음 속에 그리는 연습이 필요하다.

6. 온 몸에 에너지를 돌게 하는 방법

발바닥으로 부터 흡수한다

　소주천법(小周天法)이 가능하게 되면 다음에 대주천법(大周天法)을 시도할 필요가 있다. 물론 이 행법도 상상력은 소주천법 이상으로 필요하다.
　소주천법은 미저골의 끝에 있는 군다리니를 상반신에서만 순환시키는 방법이었으나 이와는 달리 대주천법은 몸 전체에 프라나 에너지를 순환시키는 방법이다.
　이 대주천법은 특히 다리와 허리가 약한 사람, 흥분하기 쉬운 사람, 화를 잘 내는 사람, 또한 위나 신장이 나쁜 사람에게 적합하다고 할 수 있다.
　그 방법은 다음과 같다.
　① 우선 좌법은 남녀 공통의 자세로 실시한다. 그렇지 않으면 반듯이 누운 자세를 취한다. 즉, 등뼈를 곧게 펴서 앉든가 반듯이 눕든가 한다.
　② 호흡법은 소주천법과 마찬가지로, 복식호흡을 한다. 우선 숨을 들이마실 때 발바닥에 있는 동양 의학에서 말하는 용천(湧泉)이라는 경혈에서 프라나 에너지를 빨아들인다고 의식한다. 용천은 발바닥 한가운데에 해당되는데, 여기에서 에너지를 천천히 빨아들이고, 발의 안쪽을 지나 미저골 끝 군다리니까지 올린다. 그리고 여기서 부터는 소주천법과 같은 과정으로 등뼈—목—머리 끝 그리고 미간까지 군다리니를 가져와 여기에서 멈추

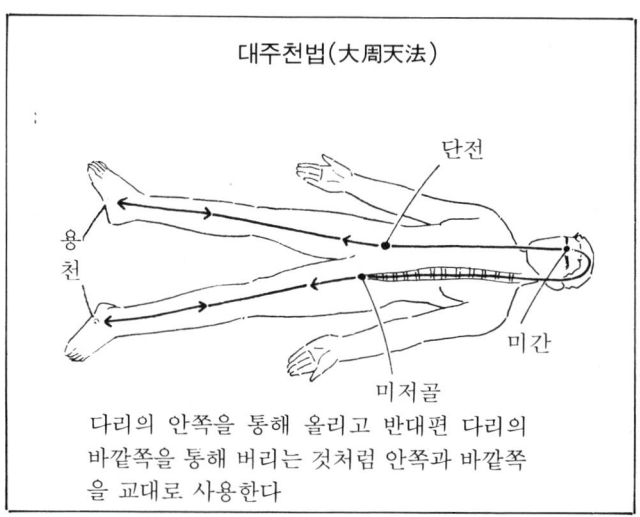

대주천법(大周天法)

다리의 안쪽을 통해 올리고 반대편 다리의 바깥쪽을 통해 버리는 것처럼 안쪽과 바깥쪽을 교대로 사용한다

게 한다.

③ 여기까지 복식호흡으로 숨을 쉬면서 가져오는데, 미간 부위에서 숨을 다 들이마셨으면 숨을 4~5초동안 멈춘다. 동시에 프라나 에너지와 군다리니를 미간에서 합류시킨다.

④ 이번에는 숨을 토하면서 소주천법과 같은 방법으로 단전까지 내리고, 다음에 반대쪽 다리의 바깥쪽을 통과해 발 바닥 용천까지 가져와 그곳에서 에너지를 몸 밖으로 발산한다. 여기에서 숨을 완전히 토한다.

⑤ 기 에너지로 온몸을 순환시킬 때는, 앞에서 말했듯이 오른쪽 발에서 빨아들이면, 오른 발 안쪽을 지나서 올리고, 내보낼 경우에는 왼쪽 발 바깥쪽을 지나 몸 밖으로 내보낸다. 왼발의 용천에서 빨아들이면 왼발의 안쪽을 지나 올리고, 오른발 바깥쪽을 지나 몸 밖으로 내보내는 식으로, 좌우 그리고 안쪽 바깥쪽을 교대로 활용하는 것이 핵심이다.

이것이 대주천법의 방법인데, 소주천법과 달리 온몸을 에너지로 순환시키는 만큼, 소주천법 보다 어렵다고 할 수 있다.

그 이유는 흔히 미간이나, 단전에의 의식 집중은 그다지 경험이 없어도 어느 정도의 훈련으로 간단히 할 수 있으나, 대주천법에서는 발 바닥에 의식을 모아 그곳에서 에너지를 흡수하고, 온 몸을 순환시켜야 되기 때문이다. 따라서 비교적 상상력이 강한 사람도 발 바닥에서 흡수하여 온 몸을 순환하는 동안에 자칫 잡념에 사로잡히는 경우가 많으므로 도중에서 다시 시작하지 않으면 안된다.

그러나 그런 만큼 이 대주천법이 몸에 익숙하면 영능력의 개발도 훨씬 수월해진다고 할 수 있다.

이것으로 영능력을 개발시키기 위한 준비단계는 일단 끝난 셈인데, 관절의 훈련에서 시작된 준비도 마침내 여기에 도달되면, 로켓트의 발사 단계 즉, 챠쿠라를 잠깨우는 방법으로 발전된다.

제5부
영능력은 챠쿠라로 눈뜬다

1. 이런 영능력 개발법은 위험하다

고차원의 존재에 눈 뜬다

　영능력은 달리 표현하면, 사람 하나 하나가 자신의 마음 속에 있는 보다 높은 차원의 존재에 개안(開眼)하므로서 나타나는 힘이다.
　결국, 사람은 높은 차원의 영적인 존재도 아울러 지니고 있으므로, 누구나 영능력을 발휘시킬 수는 있으나 그렇다고 하여 영능력의 개발이 그렇게 간단한 것은 아니다.
　그 이유를 이론적으로 설명해 보자.
　사람이 자기 안에 있는 보다 높은 차원의 존재 즉, 영적 존재에 눈을 뜨고 그 영적인 차원에서 의식(意識)을 작동시킨다는 것은, 현재 우리가 지니고 있는 물질적인 차원에서의 육체나 의식을 부정하지 않으면 안된다.
　예를 들면, 나비는 애벌레에서 번대기, 번대기에서 성충(成虫)으로 변화한다. 이 경우 말하자면 번대기 단계에 있는 나비가 번대기에 집착한다고 하자. 어떻든 번대기 상태를 그만둘 수 없는 번대기는 아마 나비가 될 수 없을 것이다. 나비가 되어 자유스럽게 공중을 날으기 위해서는, 우선 번대기 상태에서 탈바꿈하지 않으면 안된다.
　약간 지나친 비유이겠지만, 사람이 보다 높은 차원의 존재에 눈 뜬다는 것도 이와 흡사하다. 높은 차원의 존재에 눈 뜨고, 영능력을 얻기 위해서는, 물질적인 차원의 존재, 이른바 육체를 지닌 사람으로서의 존재를 부정하지 않으면 안된다.

그리스도는 '부자가 깨닫고 천국의 문을 들어가기란 낙타가 바늘 구멍을 지나는 것 보다 어렵다.'고 말하고 있는데, 이 말은 이러한 사정을 잘 표현하고 있다.

다시 말해서, 대체적으로 부자라고 하는 사람은, 현세적(現世的)인 욕망과 집착이 남달리 강하다. 남이 보기에 현세적인 욕망과는 전혀 거리가 먼듯한 사람도 죽고 싶으냐고 물으면 대답이 궁색한 경우가 많을 것이다.

이 세속적인 것, 생명을 포함한 모든것에 대한 집착을 한번은 버리고 시작하지 않으면, 높은 차원의 존재에 눈뜨게 될 수 없을 것이므로, 부자가 깨닫기란 매우 어려운 사실이다.

더욱이 지금 당장 세속적인 것에 대해 집착을 버리라고 한다면 무리한 이야기가 된다. 그러나 이것은 훈련을 축적하는 도중에 자연스럽게 알게 되는 일 이므로 여기서는 그런 마음 가짐이 필요하다는 것을 알아두는 정도에서 만족할 수 밖에 없다.

자기 욕심을 위해서는 행동하지 말것

그런데, 단 한가지 이것만은 꼭 지켜주기를 바라는 것이 있다. 그것은 결코 자기 욕망을 실현시키기 위해 영능력을 발휘하려고는 절대로 생각하지 말았으면 하는 것이다.

예를 들면 예지 능력을 개발해서 놀음에 이용하려고 한다던가, 염력(念力) 능력을 터득하여 사람이나 재물을 자기 뜻대로 조정할 목적으로 이제부터 설명하는 행법(行法)을 이용하지 말기 바란다.

한편으로 그런 목적의 행법은 욕망이 강한 동안 참다운 영능력이 나타나지 않으며 차원이 낮은 영능력이 나타나도 그것은 당신 자신에게 극히 위험하기 때문이다.

이제부터 설명하려는 행법을 매일 수행하면 빠른 경우, 수개월에서 1년 사이에 처음으로 영능력이 나타날 것이다. 그렇게 되면, 좋건 싫건 영적(靈的) 세계와의 교섭이 시작되는 것인데, 이렇게 되었을 때, 저차원의 욕망만을 가진 사람은 그에 알맞는 영능력만이 나타난다.

극히 초기의 영능력만 발휘되는 상태에서는 아직 자유자재로 조절하지 못한다. 이때에는 반대로 영능력의 지배를 받게 되는 경우가 많다.

자기도 모르게 정신 이상이 되거나 최악의 경우는 당신 자신의 죽음도 찾아오지 않는다고 장담할 수 없다. 이 점을 철저하게 인식하기 바란다.

2. 정신 집중을 하면 이차원(異次元)에 눈 뜬다

잡념은 일어나는대로 방치한다

여기에서는 영능력을 스스로 터득하는데 절대 필요한 정신집중에 관해 조금 설명하기로 한다.

정신집중이란 집중하는 대상이 되어버리는 것이다. 약간 철학적인 설명이 되겠지만, 챠쿠라에 정신을 집중해 챠쿠라 그 자체가 되면 육체로서의 존재가 부정되면서 챠쿠라가 개발되는 것이다. 그러나 대부분 초기 단계에서는 아직 정신집중 그 자체를 잘 모르는 상태가 계속되기 마련이다.

그 이유는 육체적 감각을 억제하면서 마음을 진정시켜 무엇인가에 대해 집중하기 시작하면 갖가지 잡념이 생기기 때문이다.

누구나 경험하는 일이지만, 예를 들면 감기로 열이 나 멍하고 있을 때나 운동이나 힘든 일로 지쳐서 멍하게 앉아 있을 때는 머리 속에는 뭔가 갈피를 잡을 수 없는 생각이 차례로 떠오를 것이다.

자기가 생각하려고 해서 차례로 나오는 것이 아니다. 근거도 없고 끝도 없이 솟아 나오는 것이다.

이것이 지금까지 의식의 힘에 의해 억압되었던 무의식 속의 상념(想念)이나 관념 이미지인 것이다. 의식의 힘이 약해지면 그때까지 의식에 묶여 있던 상념이 계속 샘솟아 오르게 된다.

그때까지 억압이 심했던 사람 즉, 뭔가 열등감을 갖고 있거나 욕구 불만이 있었던 사람일수록 정신 집중을 했을 때 잡념이 더욱 많이 분출된다. 그러나 잡념 때문에 정신집중이 어렵다고 잡념을 묻어버리려고 해서는 않된다.

원래 상념이나 관념이라는 것은 어떤 종류의 에너지를 가지고 있으므로, 이것이 무의식 속에 비축되어 있는 동안 아무리 몸부림을 쳐봐도 솟아 나오게 마련이다. 오히려 잡념이 떠오르는 것은 무의식의 정화작용이 진행중인 증거이고, 더 깊이 집중하기 위한 준비 단계라고도 할 수 있으므로, 잡념이 떠오르는대로 내버려 두는 편이 좋다.

그러므로 정신집중을 시작한 처음에는 집중하려고 노력해도 어느덧 잡념의 포로가 되고 앉아 있다는 것 조차 잊게 된다. 그러는 사이에, 후딱 제 정신이 들어 다시 집중을 시작하는 반복 행위가 계속된다. 그러나 그것으로 좋은 것이다. 상념이나 관념의 에너지는 솟아올 마큼 떠 오르면 얼마 후 없어지게 마련이기 때문이다.

만일, 노력해도 잡념의 분출을 해소할 수 없고 잡념의 포로가 되어 지쳐버리게 되면, 일단 정신집중을 중지하고 앞에서 설명한 훈련을 반복하는 것이 좋다. 그렇게 하여 정체된 에너지를 발산시키는 것도 잡념을 감소시키는 한 가지 방법이다.

이렇게 잡념이 분출될 만큼 떠오르고 고갈되어 더 이상 떠오르지 않게 되기 직전에 육체적으로 통증이나 정신적으로 불안감을 느끼는 경우가 있는데, 이것은 일시적 환상이므로 신경 쓸 필요가 없다.

다음에, 잡념이 떠오르지 않게 되고 혹은 떠올라도 극히 약해 무시할 수 있게 되면, 정신 집중을 심화(深化)시킬 수 있다.

개(個)를 넘어서 영(靈)의 세계로 들어간다

이를테면 스와데스 타아나·챠쿠라(단전 근처)에 대한 집중이 깊어지면 하복부에 기력이 충만하고, 몸이 뜨거워져, 급속도로 몸에 대한 의식(意識)이 없어진다.

호흡이 매우 편해지고, 하복부가 매우 단단해진다. 마침내 호흡할 필요도 없게 되고 시간이나 장소에 대한 관념(觀念)도 없어진다. 그리고 마침내 자기라는 의식도 엷어지고, 몸이 방 안에 가득차게 되며 더구나 그것을 뚫고 초월해 크게 확대되는 감각이 나타난다. 이것이 바로 초감각의 개발이다.

이것이 요가에서 말하는 명상의 상태인데, 이를테면 1시간 동안의 정신 집중에서 5분~10분간 이러한 감각을 체험하면 바로 영능력이 나타난 증거이다.

무엇인가 알고 싶은 일, 예를 들면 언젠가 잃어버린 시계의 행방같은 문제에 의식을 집중시키면 그 시계 있는 장소가 보인다. 즉, 투시가 되는 것이다.

이와같은 상태가 1개월이나 2개월간 계속된 다음에 어느날은 그 상태가 1~2시간 계속된다. 이것을 요가에서는 삼매경(三昧境)이라고 하는데, 이 상태는 영능력이 상당히 높은 차원에서 개발되어 있고, 진정한 영능력과 가까운 거리에 있다.

또 이것은 육체적 차원의 개체(個體)를 초월한 어떤 영(靈)의 세계와 같으므로 온갖 영능력을 자유 자재로 발휘할 수 있게 된다.

무엇 보다도 이 상태가 된다는 것은 흔한 일이 아니다. 잡념으로 가득찬 인간의 마음을 더러운 물이 담긴 유리 컵에 비유해

보자. 지금까지의 정신 집중으로 정화되고, 잡념이 없어져 물은 깨끗해 졌지만, 아직도 물은 남아 있다. 그 물을 없애고, 동시에 투명해진 컵(마음)까지 없어지게 하는 것이므로 매우 어려운 일이다.

사실은, 잡념이 사라져 깨끗해진 유리 즉, 사람의 자아(自我) 의식은 매우 약하고 깨지기 쉬운 것이지만, 역시 사람에게 있어서 컵 그 자체까지 없애는 말하자면, 자아를 버린다는 것은 무서운 일이다. 죽음과 직면한 두려움이다.

필자의 체험으로 말한다면 이 상황에서는 신앙을 가진 사람과 그렇지 않은 사람과 차이가 나타난다고 생각된다. 다시 말해서, 자기가 믿는 신불(神佛)에게 몸을 던지고, 자아를 버릴 수 있는 것은 신앙이라고 할 수 있다. 넘을수만 있으면 간단히 넘을 수 있는 이 장벽을 초월하는가 못하는가 하는 문제는, 차원 높은 진정한 영능력을 자기것으로 만들 수 있는가 없는가 하는 분기점과 같다고 할 수 있다.

3. 정신집중을 위한 환경 만들기

챠쿠라에서 에너지를 합류시킨다

그런데 인체에 있는 일곱개 챠쿠라를 눈 뜨게 하고 영능력을 개발하는 행법에 들어가기 전, 여기에서 다시 한번 간단히 영능력 개발은 어떻게 구성하는가를 설명하기로 한다.

우주에는 우주의 생명 에너지 또는 프라나로 불리우는 에너지가 가득차 있고, 이것을 호흡법 등에 의해 인체로 흡수한다. 인체에 끌어들인 우주 에너지는 나디이를 통과하여 영적 차원의 몸 즉, 육체를 순환한다. 이것이 프라나·에너지이다.

물리적 차원의 육체에서는 기 에너지가 경락을 통해 온 몸을 순환하는 형태로 나타난다.

또, 인간은 누구나가 미저골 끝에 군다리니를 가지고 있다. 이 군다리니는 평소 때 조는듯 잠자고 있으나, 회음(會陰)부위의 구축과 이완을 반복하므로서 군다리니가 잠을 깬다. 그 군다리니를 이번에는 윗쪽의 각 챠쿠라로 끌어 올려, 그 곳에서 프라나·에너지와 합류시킨다. 합류시킨다는 뜻은 혼합한다는 의식을 가지고 하면 된다. 이같은 합류에 의해 챠쿠라가 잠을 깨고 각각의 챠쿠라에 따라 영능력이 나타난다.

행법(行法)에 들어가기 위한 준비

챠쿠라를 잠 깨우게 하는 행법에서 가장 중요한 것은, 몇번 말했듯이 차쿠라에의 정신 집중이다. 그러기 위해서는 보다 깊이 정신을 집중시킬 수 있도록 되도록 육체에 불필요한 자극을 주지 않는 환경 속에서의 행법이 필요하다.

그 이유는, 보통 사람의 의식이 육체적 감각이나 감정과 연결되어 항상 흔들리고 있기 때문이다. 그러한 마음을, 우리는 '원숭이'라고 부르고 있는데, 태어나서 지금 까지 그렇게 자랐고 상식으로 습관화 되어 왔으며, 자신도 그렇게 스스로를 교육시켜 온 결과이므로 그것은 하는 수 없는 일이다.

다만, 행법에 있어서 지금까지와 같은 원숭이의 마음 상태로는 효과를 기대할 수 없다. 이유는 행법 그 자체가 성립되지 않기 때문이다.

그래서 조금이라도 쓸데없는 감각을 자극하지 않는 환경을 만들고, 그 속에서 행동하는 것이 필요하다. 일종이 환경 조성(造成)이다. 요가에서는 이것을 '제감(制感)'이라고 부르고 있다.

본래는, 인적이 드문 산속 암자가 이상적이지만 직장과 학업을 가진 사람에게는 그것이 불가능하다. 그래서 차선의 방법으로 행법을 시작 전 다음 사항에 주의하기 바란다.

우선, 행법하는 방인데 되도록 조용한 방을 선택하고, 자기 스스로 철저하게 깨끗이 청소할 것. 그리고 다음과 같은 조건을 정비한다.

① 전기를 끄고 어둑컴컴하게 한다. 촛불 한자루의 밝기가 적당하다. 타인의 출입을 금하도록 주의시킬 것.

③ 환기가 잘 되도록 하고, 공기가 너무 심하게 흐르지 않도록 조절할 것. 의식은 접촉이 불가능하지만, 공기의 움직임은 피부의 감각을 자극하므로, 몸이 자연스럽게 반응한다. 방에서는

미닫이나 덧문을 꼭 닫으면 된다.

　이와 같은 조건이 갖추어지면 좌법에 따라 앉고 행법을 시작하는데, 사람의 감각 중에서도 가장 의식(意識)에 영향을 주는것이 시각(視覺)이므로, 그것을 방비하기 위해 눈을 반쪽 실눈처럼 뜬다.

　'실눈'이란 뜬 것도 감은 것도 아닌 희미한 밝음만을 느끼는 모습이며 모든 불상(佛像)의 눈이 그런 상태다.

　뜬 눈을 조금씩 감으면 주위의 것이 보이지 않게 되고 다만 환하게만 느껴진다. 그것이 실눈의 상태이다.

　초심자에게는 어려울지 모르나 연습을 거듭하는 사이에 익숙해지므로 끈기있게 노력하기 바란다. 특히 눈을 완전히 감고 정신을 집중하면 잠들 염려가 있으므로 이것을 피하는 것이다.

어째서 신앙인이 유리한가?

　또 한가지 주의사항이 있다. 정신을 집중하고 있는 동안 이상한 영혼의 빙의(憑依)를 막기 위해 신앙인은 신앙하는 신불(神佛)의 모습이나 만다라 같은 것을 자기 앞의 책상 위에 놓을 것. 신앙이 없는 사람은 촛불을 켜놓아도 된다.

　이것은 영의 존재를 믿고 안믿고 보다도 앞서는 문제다. 필자 자신도 지금 까지 영능력을 개발하는 행법을 지도할 때 의외로 빙의된 사람을 몇사람 경험했고 이것을 제령(除靈)시킨 일도 있다. 행법을 하기 위한 한가지 과정이라고 생각하고 반드시 시켜주기 바란다.

　이상의 준비가 갖추어지면 이제부터 행법을 시작한다.

　행법을 하는것은 새벽, 해 뜨기 전, 즉 새벽 4시에서 6시쯤 사이가 가장 좋다. 하루 중 가장 중요한 시기이고, 공기도 가장 맑기 때문이다.

4. 어려운 챠쿠라부터 눈뜨게 한다

우리 몸의 상부에 있을수록 차원이 높다

이제부터 마침내 챠쿠라를 눈 뜨게하는 행법을 시작하겠는데, 우선 미간에 있는 아지나·챠쿠라를 개발하는 것 부터 시작하자.

우리 몸에는 7개의 챠쿠라가 있고 이들 챠쿠라는 밑에서 위로 올라 갈수록 차츰 차원이 높아진다. 그러므로 상부에 있는 챠쿠라를 눈 뜨게 한다는 것은 그만큼 보다 차원이 높은 영능력의 개발을 목표로 하는 것이다. 또한 차원이 높은 만큼 상부의 챠쿠라를 눈뜨게 하는 것은 매우 어렵다. 그러면 어째서 어려운 챠쿠라의 하나인 미간의 챠쿠라 '아지나·챠쿠라'를 눈 뜨게 하는 일 부터 시작하는 것일까? 여기에서 그 이유를 잠시 설명하기로 한다.

원칙적으로 동양인은 위장 작용이 활발하므로 명치와 배꼽 중간에 있는 마니푸라·챠쿠라를 처음부터 눈 뜨게 하는 것이 현명하다고 생각하기 쉽다. 또, 사실상 그것이 미간에 있는 챠쿠라를 눈 뜨게 하는 것 보다 훨씬 쉽다. 그런데, 어째서 고도의 챠쿠라를 눈 뜨게 하는 일 부터 시작하느냐면, 처음 부터 자신이 조절할 수 없는 저차원(低次元)의 영능력을 익히게 되면, 악영(惡靈)의 영향을 받기 쉽기 때문이다.

저차원의 영능력이라면, 도박에서 돈따기 위한 것이라도 행법을 통해 얻을 수도 있다. 별로 어렵지 않게 생기기 때문에, 나쁜 영향도 그만큼 무서운 것이다. 나쁜 영이 빙의되면 생명과도 관계되므로 위험을 예방하기 위해서도 상당히 고차원의 영능력을 개발하므로 악영의 영향을 받아도 스스로 조정할 수 있는것이 우선 선결 문제이다. 만일 이 고차원의 아지나·챠쿠라가 개발되지 않아도 미간의 챠쿠라를 눈 뜨게 하는 행법을 실천하면 자기 마음 속의 신(神)이라고 할 수 있는 '진아(眞我)'가 어느 정도는 움직이게 된다. 이것 만으로도 이 챠쿠라를 눈 뜨게 하는 행법의 목적이 합리적임을 알 수 있다.

5. 미간(眉間)에 있는 챠쿠라를 눈 뜨게 한다

테레파시나 투시가 가능해진다

이 아지나·챠쿠라가 처음 개발되므로서 발휘되는 영능력을 테레파시나 투시 같은 것이다. 동시에 직감력이나 감각이 매우 예민해진다. 제2장에서 소개한 다·빈치와 같은 지극히 뛰어난 예술가는 우선 이 챠쿠라가 눈 뜬 것이라고 생각할 수 있다.

더구나 남의 마음을 읽거나, 남의 전생을 볼 수가 있다. 또한, 타인에게 영력(靈力)을 보내 병을 고치는 심령치료도 가능해진다.

그런데 아지나·챠쿠라를 눈 뜨게 하는 방법은 크게 전반부와 후반부로 나뉜다. 우선 그 전반부 방법을 시작하기로 한다.

① 기본적인 좌법 가운데, 남성 혹은 여성을 위한 좌법으로 앉는다. 정확하게 회음 부위에 발 뒷굼치를 대고 미는 일이 중요하다. 여성인 경우는 여성을 위한 좌법으로 앉는다.

② 손을 무릎 위에 얹은 다음 손바닥 모양은 엄지 손가락과 검지 손가락으로 동그라미를 만들고 남은 손가락은 가볍게 펴면서 손바닥은 위를 향한다.

③ 미간 또는 콧등에 시각(視覺)을 집중시킨다. 눈은 '실눈' 처럼 떴으므로 실제로는 보이지 않으나 보인다고 생각하고 할 것.

④ 그대로 회음을 가볍게 수축시키고 곧 이완시킨다. 여기서는

〈아지나・챠쿠라를 눈뜨게 한다・1〉

호흡에 맞춰 회음을 수축시킨다

호흡을 맞출 필요는 없다. 이것을 5분간 에서 10분간 반복한다.

⑤ 다음에 자연스럽게 호흡하면서, 호흡에 맞추어 회음의 수축과 이완을 반복한다. 들이쉬는 숨과 함께 수축시키고, 내뱉는 숨과 함께 이완시킨다.

이때 의식은 회음과 호흡에 계속 반복한다. 집중시킨다. 수축과 이완을 50회 반복한다.

다시 말하면 자연스러운 리듬으로 호흡하고, 그것에 맞추어 회음의 수축과 이완을 반복하는 것인데, 이것을 의식적으로 하는 것이 중요한 핵심이다.

이것이 전반부의 행법이다.

어째서 이와 같은 행법을 처음에 하느냐면 우선 미저골의 끝 부분에 있는 군다리니를 눈 뜨게 하고, 상승시킬 필요가 있기 때문이다.

아지나 챠쿠라에의 정신 집중

다음에 행법의 후반부로 옮기는데, 마침내 미간의 챠쿠라, 아지나·챠쿠라에 대해 정신을 집중시킨다.

① 전반과 같은 자세로 이번에는 의식을 미간에 집중시키고 그곳에서 공중에 있는 프라나·에너지를 흡수하고 있다고 상상하면서 천천히 깊게 숨을 들이마신다.

② 다음에 미간에서 프라나·에너지를 우주로 방산(放散)시키고 있다고 상상하면서, 천천이 깊게 숨을 내뱉는다. 이때 마음 속에서 호흡에 맞추어 '오음 또는 아아' 등을 부르짖으면 효과적이다.

후반부의 행법은 이것뿐인데 얼핏 보기에 간단한 것 같지만, 이것을 시간이 허락하는 범위 안에서 되도록 오랫 동안 반복할 것. 적어도 하루에 30분 동안은 필요하다.

의욕적인 사람은 1시간~2시간 이렇게 계속 앉아 있으면 좋다. 다시 말해서 아지나·챠쿠라를 눈 뜨게 하기 위한 행법은 전반, 후반, 합하여 적어도 1회에 1시간이 필요한 것이다.

6. 미저골에 있는 챠쿠라를 눈뜨게 한다

이 챠쿠라는 간단하게 잠을 깬다

우주에서 흡수한 프라나·에너지를 일곱 군데에 있는 챠쿠라에서 군다리니와 합류시키고, 각각의 챠쿠라를 잠 깨게 하므로서 영능력을 개발시키는 것인데 모든 챠쿠라 중에서도 미저골에 있는 무라다아라·챠쿠라는 가장 저차원인 반면에 개발도 가장 간단하다.

그러나 간단하다고 해서, 처음부터 쉽게 이 챠쿠라를 잠 깨우면 자기 힘으로 영능력을 조정하기 어려운 경우가 생기므로 위험하다. 그러므로 미간에 있는 아지나·챠쿠라를 어느정도 개발한 뒤에, 이 무라다아라·챠쿠라의 행법을 시작하는 것이 바람직하다.

이 챠쿠라가 있는 미저골 끝에는, 군다리니라는 생명의 근원적인 에너지가 숨어 있고 행법에 의해 이곳에 의식을 집중시켜 프라나·에너지를 보내면 군다리니도 상승된다. 그렇게 되면, 자기 몸이 몇 cm쯤 붕 떠오른 듯한 느낌을 갖게 된다.

그렇다고 해도 이것은 의식상의 문제일 뿐, 육체는 여전히 앉은채 움직이지 않고 있다. 이것을 바로 유체이탈 혹은 유체부양(幽體浮揚)이라 부르는 것이다.

또한 군다리니의 상승과 동시에 허리 근처에서 뭔가 근질근질하거나 화끈하게 더워지는 느낌이 생길 때가 있다. 이것도 행법

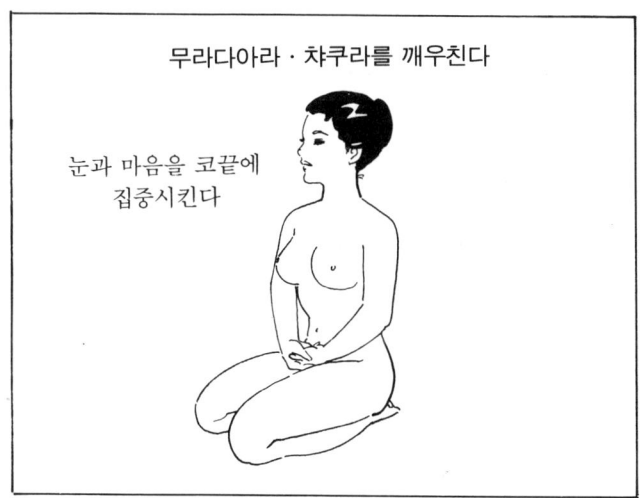

에서 나타나는 효과다.

  이 미저골의 챠쿠라가 잠을 깨면 온 몸에 활력이 넘치고 의욕이 생긴다. 이와 같은 현상은 좋은데, 가끔, 지금까지 억압당했던 감정이 폭발하여 사소한 일에 화를 내거나 마음이 불안정해지거나 하는 경우가 있다. 다들 잠자는 한밤중에 일어나 목욕을 하거나, 갑자기 명상을 시작하고, 혹은 노래하거나, 화를 내고 심지어는 사람에게 물건을 던지는 경우도 있다.

  그러므로 필자는 영능력을 개발하는 순서는 이 가장 간단한 무라다아라 · 챠쿠라로 부터가 아니고 고도의, 미간에 있는 아지나 · 챠쿠라 부터 시작해서 우선 정신 수양을 축적하는 것이 바람직하다고 생각한다.

코 끝에 의식을 집중시킨다

  이제 미저골에 있는 무라다아라 · 챠쿠라를 잠 깨우는 행법은 다음과 같다.

① 무릎을 꿇고 앉아 양 무릎은 약간 벌인다.

② 양손의 손가락은 깍지를 끼고 배꼽아래에 두며, 손목은 각기 좌우 허벅지 위에 닿게 한다.

③ 눈은 실눈을 뜨고 코 끝을 응시한다.

④ 피곤하면 눈을 감는데, 마음은 코 끝에 둔다.

⑤ 또한 눈을 약간 뜨고 눈과 마음을 코 끝에 집중시킨다. 피곤하면 다시 눈을 감는다. 그리고 기운이 나면 다시 눈을 뜨고 코 끝을 응시하는 동작을 반복한다.

⑥ 행법을 시작한 지 15분 정도 되면, 회음에 의식을 집중시키고 호흡에 맞춰 천천히 회음을 수축시켰다. 이완시켰다 하는 동작을 반복한다.

이상의 행법을 30분~1시간 정도 반복한다.

7. 하복부(下腹部)에 있는 챠쿠라를 눈뜨게 한다

자연스럽게 테레파시가 작동한다

배꼽 아래, 약 5센티 되는 곳, 즉 단전(丹田)에 있는 챠쿠라를 스와디스타아나·챠쿠라 라고 하는데, 이 챠쿠라는 비뇨기(泌尿器)와 생식기를 조절하는 중추(中樞)인 것이다. 이 챠쿠라에 정신을 계속 집중시키면 차차 체질이 개선되고 하복부의 냉증도 호전된다.

이 챠쿠라가 개발되면 잘 맞는 꿈을 자주 꾸게 되고 아직 자유롭게 조절할 수 없지만 테레파시와 같은 영적 인지 능력이 작용된다. 또한 자신의 소망도 자기도 모르게 이루어진다.

이 챠쿠라를 눈 뜨게하는 행법은 다음과 같다.

① 남성용 혹은 여성용 좌법으로 앉는다.

윗쪽을 향한 발 뒷굼치로 배꼽 아래 5센티의 단전, 이른바 하복부의 중앙을 가볍게 민다.

② 두 손은 무릎 위에 가볍게 놓고, 손바닥을 위로 향하게 한 다음, 엄지 손가락과 검지 손가락으로 동그라미를 만든다.

③ 위에 있는 발 뒷굼치가 닿은 곳에 정신을 집중시킨다.

동시에 혀를 위로 말아 올려, 혀의 안쪽을 입 천정의 가장 깊숙한 곳에 댄다. 이때 혀가 저려오면 가끔 쉬어도 좋다.

④ 위쪽 발뒤굼치가 닿은 부분에 정신을 집중시키면서, 호흡에 맞추어 그 부분을 조용히 천천이 수축 및 이완 시킨다.

〈무라다아라·챠쿠라를 눈뜨게 한다〉

눈과 마음을 코 끝에 집중시킨다

수축과 이완의 범위를 차츰 넓히고 생식기[남성일 경우는 고환(睾丸), 여성일 경우는 자궁이나 난소]까지도 수축 및 이완 시킨다.

처음에는 회음도 같이 수축, 이완시키지만 회음 부위는 조용히 두는것이 원칙이다. 이 행법을 계속하는 동안 자연스럽게 가능해 진다. 이것을 30분~1시간 실천한다.

그리고 이와 같이 하복부와 생식기의 수축, 이완을 계속하면서 두 팔을 뻗혀 어깨를 조금 올리고 무릎을 눌러 머리를 조금 앞으로 넘어뜨리는 자세를 취할 수도 있다. 초심자에게는 이것이 이 수축과 이완을 쉽게 할지도 모른다.

이 스와디스타아나·챠쿠라가 눈 뜨면 우선 뱃 속이 뜨거워지는데 마치 물과 불이 혼합되어 흰 수증기를 품어 올리는 듯한 느낌을 갖게 된다. 그리고 둥근 불빛 구슬같은 것이 뱃 속에 엇는 것 처럼 느껴질것이다. 그 이전 까지는 정신을 집중해도 캄캄한 발처럼 전혀 보이지 않으므로 챠쿠라가 개발되면 그 차이를 쉽게 느끼게 된다.

8. 복부(腹部)에 있는 챠쿠라를 눈 뜨게 한다

영계(靈界)와의 교류를 할 수가 있다

 복부에서도 정확하게 명치와 배꼽의 중간 부위에 있는 마니푸라·챠쿠라를 눈 뜨게 하는 것은 비교적 동양인에게는 어려운 일이 아니다.
 이 마니푸라·챠쿠라가 눈 뜨면, 영시(靈視)나 텔레파시, 투시 같은 능력이 매우 높아지는 특징이 있다. 동시에 영계와 교류도 가능해지고 영(靈)과의 대화나 타인의 영에 관한 심령 상담도 할 수 있게 된다.
 그리고 전에는 감정의 기복이 심했던 사람도 자상하고 인정이

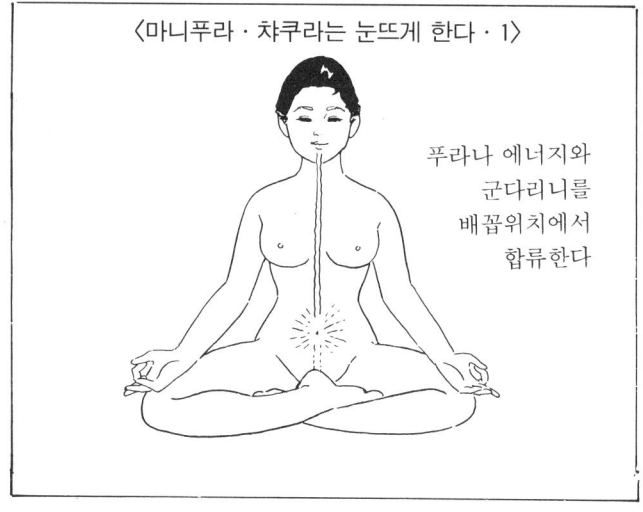

〈마니푸라·챠쿠라는 눈뜨게 한다·1〉

푸라나 에너지와
군다리니를
배꼽위치에서
합류한다

풍부하며, 온화한 성격을 지니게 되면서 인격적으로도 존경받는 변화가 나타난다.

이제부터의 그 행법은 다음과 같다.

① 남성 또는 여성의 좌법으로 앉고 손을 무릎 위에 얹는다. 손가락 모양은, 엄지 손가락과 검지 손가락으로 원을 만들고 다른 세 손가락은 가볍게 뻗혀 손바닥을 위로 향하게 한다.

회음에 의식을 집중시키고, 수축과 이완을 5분간 반복한다.

② 하복부를 천천이 반복적으로 5분간 수축 및 이완 시킨다.

③ 깊게 숨을 들이쉬면서 목에서 흡수된 프라나·에너지를 배꼽 위치 까지 내린다. 동시에 미저골 끝 부분에 있는 군다리니 [붉은 불]를 상승시켜 배꼽 위치에서 프라나와 합류시킨다.

물론, 이러한 상승, 합류, 혼합 등은 상상 속에서 이루어진다.

④ 숨을 멈추고 배꼽 부위에서 프라나와 군다리니를 원활하게 혼합하는 것을 상상한다. 우주 창조 이전으로 복귀하는 것이다.

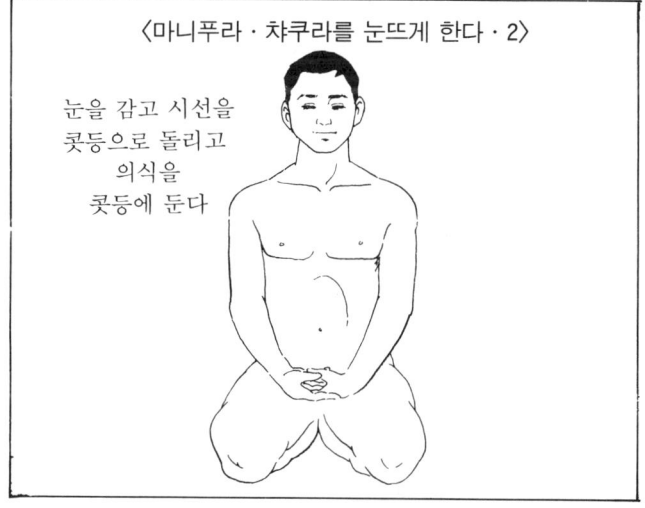

〈마니푸라·챠쿠라를 눈뜨게 한다·2〉

눈을 감고 시선을 콧등으로 돌리고 의식을 콧등에 둔다

이 경우, 무리하지 않을 정도로 가능한 한 길게 숨을 정지한다.

⑤ 숨을 토한다. ①에서 ⑤까지 10분간 반복한다.

⑥ 다음에 지금까지의 좌법을 풀고, 꿇어앉는 자세로 바꾼 뒤 양쪽 무릎을 약간 벌린다.

⑦ 눈을 감고 콧등에 마음을 집중한다.

⑧ 눈을 약간 뜨고 콧등을 본다. 조금 지나 다시 눈을 감는다. 이것을 10분간 반복한다.

⑨ 다시 성취(成就)의 좌법으로 복귀하고 ③에서 ⑤까지를 20~30분간 반복한다.

이 행법은 전체적으로 1시간 걸리는데, 하루에 적어도 1시간씩 이 행법을 반복할 필요가 있다. 만일 시간을 연장하려면 2 시간에 ③에서 ⑤의 과정, 즉, 목에서 흡수한 프라나·에너지와 미저골 끝에서 끌어올린 군다리니를 배꼽 위치에서 합류시키는 행법을 반복하는 것이 효과적이다.

이 행법을 매일 계속하게 되면 빠른 사람은 몇개월 사이에 마니푸라·챠쿠라가 잠을 깨게 된다.

응시법은 정신 집중을 높인다

마니푸라·챠쿠라의 행법을 실현하는 도중에 잡념이 서서히 없어지고 어느 정도 정신 집중이 깊어지면 호흡도 편해지고 의식(意識)이 없어지는 상태가 5분 정도 계속되게 될 것이다. 결국 그만큼 영능력의 개발이 익숙해졌기 때문인데, 여기에 「응시법」을 첨가시키면 더욱 깊게 정신을 집중할 수 있게 된다. 다시 말해서 그만큼 투시력이나 예지 능력이 보다 높은 차원에서 작동되는 시기를 앞당길 수 있게 된다.

이 방법은 그 이름과 같이 무엇인가 한가지만을 주시(注視)하는 자세다. 이때 주시하는 대상은 여러가지가 있다. 또 그 대상에 따라서 나타나는 영능력도 다르다.

흔히 쓰는 대상은 촛불, 석양(夕陽), 달이나 별 같은 천체, 혹은 깨달음의 세계를 그림으로 그린 만트라, 영력(靈力)을 지닌 만트라, 부적 등이다. 예를 들면, 4각형의 만트라는 땅의 원리를 나타낸 것인데, 똑같은 모양인 4각형 부적에 정신을 집중시키면 땅 속에 숨겨진 것을 투시하는 능력이 탁월하게 나타나게 된다.

만트라 라는 것은, '영력을 지닌 모습'이란 뜻인데 모양에 따라 나타나는 영능력도 달라진다. 예를 들면 천지(天地)가 거꾸로 된 두 개의 세모꼴을 겹친 모양을 계속 바라보므로서 개발되는 영능력은, 그 핵심이 염력(念力)이다.

가장 주시하기 쉽고 집중하기도 쉬운 것은, 눈 부시지않게 빛나는 것으로 예를 들면 촛불이나 석양 등이다.

여기에서는 가장 간편한 촛불을 활용하는 응시법을 소개하기로 한다.

우선 방을 어둡게 한 뒤, 어떤 좌법을 선택하여 앉은 다음 촛불을 켜 눈 높이에 놓고 얼굴에서 50~60cm 떼어 놓는다.

온몸의 긴장을 풀면서 상반신을 편하게 유지한다. 응시를 시작한 후 일체 몸을 움직이면 안되므로 최소한 15분간은 꼼짝하지 않고 앉아 있어야 된다.

부동자세가 되면, 불꽃을 바라보는데, 촛불의 가장 밝은 부분 즉 심지 바로 위를 응시한다.

몇분이 지나면 눈물이 나오는데 눈을 깜박이거나 몸을 움직이지 않는 것이 중요하다. 적어도 15분간은 육체적인 움직임을 멈추고 오로지 불꽃만을 바라다는 일에 전념한다. 호흡을 의식하지 않고 조용하게 호흡한다.

　이와같이 1일 15분간 정도씩 반복하므로서 정신 집중이 깊어지면 어느 날, 자기 머리에 불이 붙어 활활 타고 있다는 느낌을 갖게 된다. 자기가 촛불이 된 것이다.

　이렇게 됐을 때가 완전히 정신 집중이 되어 있을 때고 자기가 촛불과 일체가 된 것이다.

　이와같이 깊게 집중되면, 마니푸라·챠쿠라가 고차원의 작동을 시작하고, 투시력이나 예지 능력이 나타난다.

　이같은 현상의 발생은 눈과 마니푸라·챠쿠라가 기(氣)에너지의 통로인 경락(經絡)을 통해 연결되기 때문이다.

　다시 말해서, 마니푸라·챠쿠라는 위장을 비롯하여 소화기를 조정하는 챠쿠라인데, 소화기와 관계되는 경락 예를 들면 위경(胃經)은 아래 눈 자위, 담경(·經)은 눈꼬리에 각각 그 시발점(始發點)이 있다. 위장이 악화되면 아래 눈 자위가 기므스레하게 그늘지는 것은 이때문이다.

동양인과 서구인의 차이

　마니푸라·챠쿠라를 잠 깨우는 유력한 행법인 '응시법'은 요가의 행자들도 중요시하고 있다. 그 밖에 눈병이나 근시를 고치고 감정을 조절하며 정신적으로 안정되는 등 신체적 정신적 효과도 크다.

　또, 동양인에게 많은 마니푸라(위장) 타잎은 시각(視覺)에 의해 정신 집중이 쉽지만 (심장) 타잎 혹은 비슈다 (목) 타잎은 청각에 의한 집중이 효과적이다.

　최근에는 미국에서 정신요법의 하나로「챠쿠라·세라피」라는 것이 널리 보급되고 있다.

　이것은 신세사이저로 합성된 고주파수로 '아'나 '이' 등의 소리를 내고 환자가 귀를 기울여 듣게 하는 것인데, 많은 효과를 보고 있다. 요가의 행법 중 하나가 가장 새로운 정신요법으로서 각광을 받고 있다.

　동양인 중에도 , 물론 아나하타(심장) 타잎이나 비슈더(목) 타잎인 사람이 있으므로 응시법이 잘 되지 않는 사람은 소리에 집중하는 방법을 시도해 보는 것도 좋을 것이다. 예를 들면 반야심경(般若心經)같은 단순하고 짧은 경문을 큰 소리로 읽으면서 자기의 음성에 의식을 집중시키는 것이다. 소리 그 자체에 빠져 버리면 염력 능력을 발휘할 수 있게 된다.

　챠쿠라에 의식을 집중시켜 자신이 챠쿠라 그 자체가 되는 것 말하자면 영능력 개발의 모든 것은 이 짧은 한마디로 끝난다. 육체 훈련이나 호흡법, 좌법은 모두 그러기 위해 몸과 마음을 정비하는 준비 단계에 지나지 않는다.

　그러나 가끔 이 행법의 마지막인, 정신 집중 단계에서 실패하는 사람이 있다. 아무리 노력해도 집중할 수 없는 것이다.

　잡념이 지나치게 많아 여기에 정신이 구애를 받아 휘말리게 된다는 것은 아니다. '집중 하자'는 자기 의식을 버릴 수 없어서 대상 그 자체가 되지 못하기 때문이다.

　그 이유는 집중 하겠다거나 집중하지 않으면 안된다는 것을 생각하는 동안은 그런 생각을 하는 자기가 남게 되는 것이다. 그런 의식이 있는 한 자기와 대상 사이의 벽은 사라질 수 없기 때문이다.

자의식(自意識) 과잉 상태에서는 정신집중이 불가능

이와 같이 정신 집중이 제대로 안되거나, 마지막 단계에서 실패하는 것은 필자가 보는 한, 자의식이 지나치게 강한 사람에게 많다. 자아의 확립이란 근대 정신의 기본같은 것이지만 사실은 이것이 영능력의 개발에 있어서 매우 방해되는 귀찮은 존재다.

대체로 자의식이 지나친 사람은 몸이 굳어져 있다. 굳어진 마음이 몸도 굳어지게 만들기 때문이다.

그러므로 스스로 자의식을 버리는 습관에 노력할 수 밖에 없다. '집중하자'는 의식까지도 버리고 정신을 집중하면 오로지 챠쿠라 부위에 그린 이미지(붉은 빛 같은 것)를 물끄러미 바라다 볼 수 있다. 이것만을 철저하게 하는 것이다.

이런 이야기가 있다.

옛날, 인도의 어느 유명한 요가 행자(行者)에게 제자가 되기를 희망한 젊은이가 찾아 왔다. 곧, 초보과정을 거쳐 정신 집중을 시작하게 하였으나, 도저히 잘 되지 않았다. 여러가지 수단 방법을 강구했으나 별다른 성과가 없었다.

이윽고 스승은 어떤 것을 깨달았다. 젊은이에게 가장 좋아하는 것이 무엇이냐고 묻자, 지금 자기가 키우고 있는 송아지를 가장 좋아한다는 대답이었다. 그래서 스승은 젊은 이에게 명령을 내렸다. '정신 집중'하는 건 아무래도 좋으니, 방에 앉아서 네가 키우고 있는 송아지의 모습을 머리 꼭대기 부터 꼬리 끝 까지 마음 속으로 생각하고 몇 번이고 계속 묘사해 보아라."

며칠 후 스승은 방을 향해 소리쳤다.

"이제 됐으니 나오너라"

그러자 안에서 젊은이의 목소리가 들렸다. "나가고 싶어도 나갈 수 없습니다. 뿔이 걸립니다."

젊은이는 자기가 키우고 있는 송아지로 변신해 있었던 것이다.

아마 그 젊은 이는 사랑스런 송아지를 위해서라면 자기를 버릴만큼 그 송아지를 사랑하고 있었던 것이다. 이른바, 무아의 경지가 될 수 있었던 것이다. 정신 집중이란 이런 것이다. 자기가 존재하면 대상이 될 수는 없는 것이다.

더구나 이 젊은 이와 같이 대상 그 자체가 되버리는 상태를 삼매(三昧)라고 부른다.

9. 심장(心臟)에 있는 챠쿠라를 눈 뜨게 한다

염(念)하는 것만으로 물체가 움직인다

심장 부위에 있는 챠쿠라, 이른바 아나하다·챠쿠라는 염력(念力) 능력의 핵심이다. 따라서 이 챠쿠라가 잠을 깨면 소위 물리적인 초상현상을 일으키게 된다. 사람의 마음이 물질에 대해 지배력을 갖게 되는 것이다. 뭔가 물건에 정신을 집중시키고 강력히 염(念)하는 것 만으로도, 그것을 자유롭게 움직일 수 있다.

또한 물 위를 걷거나 마음 속에 그린 것을 물질화시켜서 무엇인가를 만들어내는 일도 가능해진다. 더 나아가면 소망이나 의지를 뜻대로 실현시킬 수 있게 된다.

이 챠쿠라를 눈뜨게 하는 행법에서는 좌법이 그다지 중요하지 않고 호흡을 지각하는 일이 가장 중요하므로, 다리가 아프면 좌법을 바꾸어도 좋고 몸의 어덴가가 가려워지면 긁어도 상관없다.

① 기본 좌법에서 소개한 3가지 좌법 중의 어느 것이나 관계없고, 앉아서 눈을 감는다.

② 목에 의식을 집중하고, 깊게 천천히 숨을 들이쉰다. 목을 통과하는 숨과 함께 의식을 가슴 속으로 집어 넣는다.

캄캄하지만 한없이 넓게 느껴지는 공간이 있음을 알게 될 것이다. 인간의 물리적인 가슴 부피에는 한계가 있으나 이렇게

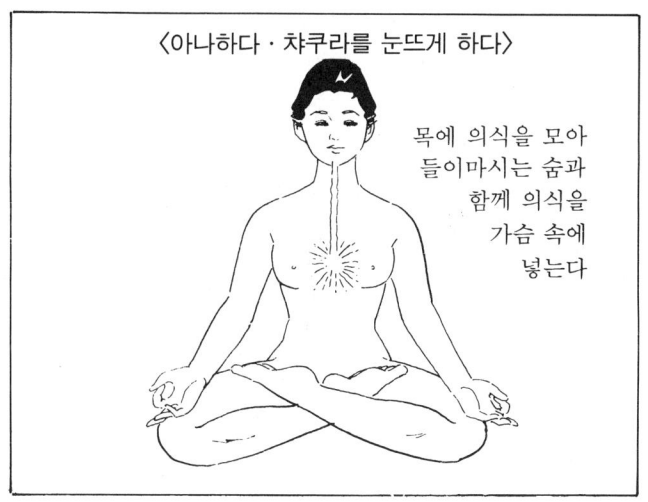

〈아나하다 · 챠쿠라를 눈뜨게 하다〉

목에 의식을 모아 들이마시는 숨과 함께 의식을 가슴 속에 넣는다

의식을 내부로 향하게 하면 결코 그렇지 않다는 걸 알 수 있다. 그 넓은 공간 가득히 들이 마신 숨이 퍼져나가는 것을 의식한다.

③ 천천이 숨을 내뱉으나 호흡을 특별히 길게 할 필요는 없다. 자연스런 리듬에 따라가면 되는데, 무엇보다 중요한 것은, 넓은 가슴의 공간에 퍼지는 마신 숨을 계속 의식하는 일이다.

이것을 반복한다. 적어도 하루에 30분간이나 가능하면 1시간 정도가 좋다.

이것을 계속해서 몇개월, 또는 1년, 더 오래 걸리는 사람은 5년도 있는데 캄캄하고 넓은 공간인 바로 심장 부위에서 반짝하고 빛나는 빛이 보인다. 아나하다 · 챠쿠라가 잠을 깬 증거이다.

이 빛이 가슴의 공간을 채우고, 온 몸에 넘쳐, 마침내 밖으로 흘러나가게 되면, 높은 차원에서 챠쿠라가 작동하기 시작한 것이 된다.

가슴 속에서 반짝이는 빛이 보이기 전에 심장이나 가슴이 몹시 아픈 때가 많다. 이것은 질적으로 높은 것이기 보다 이질적이고 고차원의 에너지가 많이 들어오기 때문에 지금 까지의 용량과 맞지 않고 용기가 파괴 [자아가 무너지는] 되면서 생기는 아픔이며 일시적인 현상에 불과하다.

말하자면, 1,600cc의 엔진에 1만cc가 되는 개소린이 들어가는 것과 같으므로, 통증이 생기는 것이 당연하며, 이 관문을 통과하지 않으면 챠쿠라는 본격적으로 눈 뜨지 못한다.

여기에서 생기는 가슴이나 심장의 아픔에 놀라, 행법(行法)을 중단하면 안된다. 물론 아픔을 느꼈을 때의 두려움과 불안감은 대단하다. 그것은 지금까지의 자기라는 존재가 붕괴되는 일종의 죽음과 통하는 공포이기 때문이다. 그러나 이것을 극복하지 못하면 영적인 진화는 달성할 수 없다.

앞에서도 말한바와 같이 이때에 신앙이 도움이 되는 것이다.

캄캄한 가슴 속 공간에서 반짝하고 빛나는 것이 보이기 시작했으므로 당신은 영능력의 하나인 염력(念力) 능력이 발휘되게 되었다. 이제부터 '이렇게 하고싶다', '이렇게 되면 좋다'고 마음 속으로 강하게 원하면 주위가 자연히 그렇게 움직여지고 어느 사이에 당신의 소망은 실현된다. 그와 같은 일이 몇번씩 분명히 생긴다.

더 나아가서 금빛 찬란한 빛이 온 몸에 가득 차고, 그 빛이 넘치게 되면 물질 세계에 대해 당신의 마음이 지배력을 갖게 된다.

이른바, 염력에 의하해 물체를 움직이거나, 형태를 바꾸거나 혹은, 무(無)에서 유(有)를 만들거나 [예를 들면, 수천명분의 빵과 생선을 만들어낸 그리스도의 기적] 몸이 가벼워져서 물위를 서서 걸을수 있고 물리적인 작용에 관한 분야에서는 대부분 소망하는대로 가능해진다.

물론 그런 경지에 이르기란 굉장히 어려운 일이다.

몇 천만명 가운데 하나, 혹은 몇 억명 가운데 한 사람 일지도 모른다. 그러나 어느정도 아나하다·챠쿠라가 눈 뜨는 것만으로도 거기에서 얻을 수 있는 영능력은 지금 까지 챠쿠라가 개발되어 얻을 수 있는 것 보다 훨신 차원이 높게 마련이다.

그러므로 마음을 바르게 하고 공정한 판단을 갖는 자세가 요구 된다.

10. 목에 있는 챠쿠라를 눈뜨게 한다

과거·현재·미래를 알 수 있다

목 부위에 있는 챠쿠라 즉, 비슈다·챠쿠라가 눈 뜨면 영능력은 보다 더 넓이와 깊이가 증가되고 사물을 근원적으로 이해할 수 있게 된다.

또한 남의 생각이나 느낌도 알게 되고 텔레파시가 자유자재로 작동된다. 또 무엇에나 집착하지 않는 자유로운 마음이 되고 과거·현재·미래의 모든 일이 동일차원(同一次元)으로 연결되어 보이게 된다. 다시 말해서 다른 사람의 전생이나 미래의 모습까지도 보이게 된다.

그러나 이 챠쿠라는 이것 보다 차원이 낮은 챠쿠라, 이른바 아나하다, 마니푸라, 스와디스타아나, 무라다아라의 각 챠쿠라가 눈 뜨고 있지 않으면 완전히 개발될 수 없는 것이다.

행법은 우선 미간에 있는 아지나·챠쿠라의 각성법, 이어서 아랫 쪽의 각 챠쿠라의 각성법을 밑에서 순서적으로 3분간씩 행한다. 이것이 끝나면, 무라다아라에서 아지나까지의 각 챠쿠라에 아래서 위로, 위에서 아래로 이렇게 계속해서 차례 차례 정신을 집중한다. 이 행법을 3분간 행한다.

이상의 과정이 끝난 다음에는 직접 비슈다·챠쿠라에 정신집중을 하는데, 방법은 다음과 같다.

① 좌법은 3가지 중 어느 좌법이라도 좋고, 앉아서 무릎에 손바닥을 위로 하여 놓고 엄지 손가락과 검지 손가락으로 원을

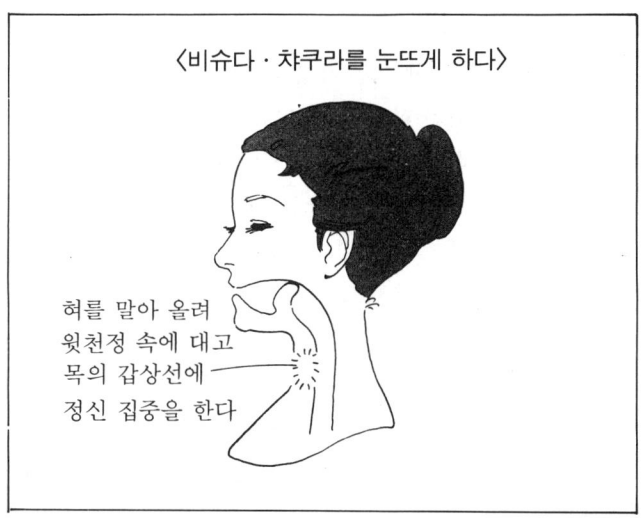

만든다.

② 혀를 말아 올려 혀 안쪽을 위 입천정 속에 대고 목의 갑상선 부위에 정신을 집중한다.

이 행법은 최소한 30분을 지속해야 된다.

비슈다·챠쿠라가 잠을 깨면 엷은 보라빛과 같은 광채가 목에서 위 또는 이마 앞에 보이고 그 빛이 차츰 퍼져서 몸의 의식에 사라지면서 침착하고 매우 편안한 상태가 된다.
그야말로 이것을 무(無)의 경지라고 하여도 좋을 것이다.

기 에너지를 개발한다

챠쿠라에 대한 집중이 어느 정도 가능해지면 손 바닥에서 기 에너지를 내보내는 연습을 하면 좋다. 이것은 영적 차원의 기 에너지인 프라나의 흐름을 촉진시키고 챠쿠라를 빨리 잠깨우게 하는데 도움이 된다.

  우선 두 손의 손가락들을 가볍게 펴서 가지런히 하고 마치 손벽을 칠때처럼 두 손바닥을 착 맞붙인다.

  다음에 천천히 두 손바닥을 2~3센티 떼어 본다. 다음에, 다시 두 손바닥을 맞닿을 정도까지 가까이 한 뒤, 2~3㎝ 떼는 동작을 반복한다. 이 동작은 의식하지 않고 자연이 두 손이 움직이는 듯한 느낌으로 하는 것이 중요하다. 혹은, 가까이 띠었다 붙였다 할 뿐만 아니라 두 손바닥의 간격을 2~3㎝ 유지하면선 경단(떡)을 비지듯 손목을 움직이는 동작도 좋다.

  처음에는 아무 것도 느낄 수 없다고 생각되지만 잠시 계속하는 사이에, 손바닥을 가까이 할 때 반발하고, 뗄 때에 잡아끄는 듯한 어떤 힘을 느끼게 될 것이다. 또 경단을 빚는 동작을 하고 있을 때는, 손바닥 사이에 작고 부드러운 고무공이 끼어 있는듯 한 반응이 나올 것이다.

  이것이 기 에너지 즉, 물리적 차원의 푸라나이다. 이 현상은 누구에게나 일어나고 있는 것으로 재미있는 일은, 남성과 여성은 프러스와 마이너스의 관계에 있다.

  다시 말해서 남자 끼리 혹은 여자끼리 손을 맞대는 것은 어쩐지 좋지 않은 느낌이지만, 이것은 같은 성(性)끼리는 반발하고 있기 때문이며, 반대로 남성은 여성에게, 여성은 남성의 손에 닿는것이 기분 좋다. 프러스와 마이너스이므로 서로 잡아 끄는 것이 있기 때문이다.

  또한 어린이가 너머져 무릎을 부딪쳤을 때, 옆에 있는 어머니가 부딪친 곳에 손을 대주면 통증이 가라앉는다. 이것은 정신적인 것만이 아니라 실제로 모친의 손바닥에서 나오는 기 에너지에 의해 통증이 가라앉는 것이다. 어머니의 손은 약손이라는 말은 바로 이것을 뜻한다.

　이렇듯이 물리적인 기 에너지 만으로도 통증을 가라앉힐 수가 있다. 그러나 그것은 병이나 부상을 근본적으로 치료할 수는 없고, 거리에도 한계가 있다. 바로 옆에 있지 않으면 에너지가 미치지 못하는 것이다.

　이렇게 기 에너지를 느낄 수 있게 되면, 행법을 계속하면서 손바닥에서 에너지를 내보내는 연습을 계속하기 바란다.

　그러는 사이에 지금까지의 에너지와는 전혀 다른 에너지가 나온다. 약간이지만 무서운 힘을 지닌 이 에너지가, 두 손바닥을 연결하는 것을 알게 된다. 이것은 챠쿠라가 눈 뜨고, 이 챠쿠라를 통해 흘러나오는 고차원의 프라나·에너지인데, 초감각적으로 보이는 색깔로 어느 챠쿠라가 개발됐는지를 알 수 있다.

　맑고 투명한 보라빛이면 비슈다·챠쿠라, 금빛이면 아나하다·챠쿠라인 것이다.

　이렇게 되면, 당신은 이 에너지를 남의 몸에 보내 질병을 치료할 수도 있게 된다. 이른바 심령치료를 할 수 있는 것이다.

　이 고차원의 에너지로서는 공간이 전혀 방해되지 않는다. 앞에서도 말했듯이, 미국이건 지구의 뒷 쪽이건, 그 에너지를 필요로 하는 사람이 있고, 당신이 그 사람을 구해 주려고 하는 마음을 갖는 한, 병을 고치는 일은 가능하다는 이야기이다.

11. 머리 꼭대기에 있는 챠쿠라를 눈뜨게 한다

머리에서 황금 빛이 나온다

필자가 수행을 시작한지 1년쯤 지난 무렵, 평소와 같이 행법을 하고 있으려니까, 갑자기 금빛으로 빛나는 광명이 머리 꼭대기를 들락 날락하게 되었다.

그와 함께 머리 꼭대기가 10~20센티나 위로 솟아난듯한 느낌도 갖게 되었다. 물론 이와 같은 일은 실제로 있을 턱이 없음을 알고 있으나, 그래도 머리 끝에 상투 같은 모양의 것이 보라빛 혹은 청색으로 빛나고 튀어나온 것이 분명히 보이는 것이다.

이상하게도 그 상투 끝에는 문이 있는데, 그곳에서 금빛의 빛이 쏟아져나오고 필자의 영적인 존재는 그 문을 지나서 차츰 높이 오르고, 아득히 먼 천상(天上)에 있는 신(神)에게 인도되어 가는 것을 알 수 있었다.

또한 우주에 울려 퍼지는 힘차고 다정한 신의 음성이 들리고, 필자를 향해 필자의 사명과 전생 같은 걸 가르쳐 주었다.

잠시 후, 필자는 이제 지상의 육체로 되돌아가지 않으면 안될 때라 느꼈으므로, 다시금 머리 꼭대기의 문을 지나 몸 속으로 돌아왔다. 그 때 필자의 몸은 차디찼고, 손 발도 빳빳해서, 마음대로 움직일 수 없었으나 조금씩 움직여 보는 동안에 이윽고 보통 때의 상태로 돌아왔다.

말할 것도 없이 이것은 필자에게 있어서 처음 경험이었으나,

이런 일이 있는 뒤로, 필자는 방 안에 있으면서도 바깥 세계를 알 수 있게 되었다.

잃어버린 것을 찾기를 원하는 사람에게는 그 물건의 소재를 가르쳐 주고, 재앙이 끊이지 않는 사람에게는 그 사람의 전생 인연을 조사하고 빙의된 나쁜 영도 제령할 수 있게 되었다. 그리고 그 무렵부터 필자의 영능력은 착실히 눈 뜨기 시작하고, 그 차원도 차츰 높아지는 것을 분명히 알 수 있었다.

몸에서 마음이 빠져 나간다

머리 끝에 있는 사하스라아라·챠쿠라를 눈 뜨게 하기 위해서는 관절을 부드럽게 하기 위한 훈련이나 호흡법을 충분히 한 뒤, 다음과 같이 한다.

① 기본 좌법 가운데, 남녀 공통의 좌법으로 앉고 눈을 감는다. 손은 엄지 손가락과 검지 손가락으로 동그라미를 만들고, 남은 세 손가락은 가볍게 편채 손바닥은 위를 향한다.

② 보통 호흡도 좋으나 숨을 들이쉬면서 회음을 수축시키고 미저골에 있는 군다리니를 상승시켜 머리 끝에서 하늘로 연결되는 것을 상상한다. 여기서 2~3초간 숨을 멈춘다.

③ 숨을 내쉬면서 머리 끝에서 우주 에너지를 받아 들이고, 이번에는 미저골 끝 까지 하강시키는 것을 상상한다. 여기서도 2~3초 숨을 멈춘다. 이것을 10~20분간 반복한다.

⑤ 그런 다음, 그 자세로 머리 끝에 정신을 집중시키면서, 천상의 문이 열리는 것을 상상한다.

이 마지막 단계에서 당신의 마음은 육체에서 빠져나가, 천상으로 오르고, 그곳에서 신의 음성을 들을 수 있는 것이다. 그리고 익숙해지면, 당신의 마음은 어디라도 자유스럽게 날아갈 수 있게 된다. 그렇게 되면, 몇백 km 떨어져 있어도 누가 지금 무엇을 하고 있는지, 무슨 생각을 하고 있는지, 행동까지 환히 알게 된 이같은 차원까지는 매우 어렵다. 그러나 가능한지 불가능한지는, 매일 매일의 엄격한 수련 여하에 달려 있는 것이다.

12. 영능력은 이렇게 써야만 한다

최면상태와 초의식의 자각은 다르다

영능력을 개발하기 위한 중심적인 행법은 정신집중이라는 것을 잘 알았겠지만 여기에서 한가지 주의할 것이 있다.

그것은 정신 집중에 의해 초의식이 눈 뜬 경우와, 최면 상태에 빠져서 생기는 최면 현상과를 잘못 알아서는 안된다는 점이다.

정신 집중을 하고 있는 도중에 깊은 최면 상태에 빠지는 수가 이따금 생긴다. 의식의 힘을 약화시키는 행법을 하고 있으므로 그것은 피할 수 없는 일이지만 이와 같을 때 생긴 현상을 초상현상과 혼동하면 안된다.

이를테면, 지극히 신앙심이 깊은 사람이 최면 상태에 빠졌을 경우, 무의식속에 있던 신불(神佛)의 그림자 모습이 약해진 의식에 투영되어 신불을 만날 수 있었다고 착각하는 수가 있다.

그런 일이, 생겼을 경우 진짜로 초의식이 눈 떠서 신불(神佛)을 만날 수 있었는지, 그것이 아닌지, 그것을 구분하는 일이 매우 중요하다.

착각하면서 행법을 계속하면 본인의 정신 위생상 좋지 않은 결과를 가져오기 때문이다. 나아가서 주위 사람들에게 폐를 끼치는 수도 있다.

최면 상태에서 일어난 현상과 실제로 초의식이 눈 떴을 때와 차이가 있는데, 예를 들어 신불의 모습이 보였을 경우에도, 초의식이 보는 신불이 모습은 매우 선명하다. 더구나, 신불이 자기와 함께 있다는 실감을 강하게 느낀다.

그러나 이와는 달리 최면상태의 경우는 꿈을 꾸고 있는 것과 같으므로 선명하지 못하며 함께 있다는 실감도 느낄 수 없다.

최면 상태에서도 여러 가지 이상한 일이 일어나는 것이 사실이지만 그것은 어디까지나 자기에 관해서만 일어나는 것에 불과하다. 설령 자기 아닌 누군가에 대해 예지된 것처럼 생각되어도, 실제로 예지한 일은 일어나지 않게 마련이다. 그런데 초의식이 눈을 떠서 알게 되는 내용은, 반드시 영계 혹은 현실계와 밀접한 관계를 지니고 있다는 사실이다. 이 차이를 정확히 기억해 주기 바란다.

이제까지 영능력이란 무엇인가? 그것은 어떻게 나타나게 되는가? 그러기 위해서는 무엇을 하면 좋은가 하는 점을 설명하여 왔다.

그러나 영능력의 개발은 몇 번 반복한것 처럼 오직 그것 만을 목적으로하여 행하여서는 안된다.

세속적인 욕망에 봉사하는 영능력은 브랙·매직이 되고, 이 세상을 혼란에 빠뜨리며 사람들을 불행으로 빠뜨리며 대부분 그것을 사용한 본인까지도 망하는 결과가 되기 때문이다. 처음에도 말했듯이 영능력의 개발은 누구나 할 수 있고, 따라서 영능력을 갖는 일은 누구나 가능하다. 그러므로, 사람들의 행복과 평화, 이 세계의 조화에 봉사하기 위해서만, 무서운 힘을 지닌 이 영능력을 개발하는데 노력하기를 바라는 바이다.

終章
내가 발견한 영능력 개발법

安東民

1. 〈제3의 눈〉을 개발하여 구피질 (舊皮質)의 기능을 강화한다

　나는 40대 이전에는 누구 못지 않게 병약(病弱)하고 평범하기 그지없던 인간이었다. 물론 유신론자(有神論者)도 아니었을 뿐더러 오히려 철저한 무신론자여서 서뿔리 목사가 나를 교인으로 만들려고 하면 오히려 그의 신앙이 흔들릴 가능성마저 있었다. 나는 논리적인 사고방식에 익숙한 터여서 덮어 놓고 믿으라는 식의 신앙논리는 도저히 따라갈 수가 없었기 때문이다.
　인간의 영혼은 그 본질이 무엇이고 매일 태어나는 인간은 어디서 왔으며 죽는 이의 영혼은 어디로 가는지, 죽은 뒤의 세계는 어떤 것인지를 구체적으로 대답하지 못하는 기독교의 논리를 도저히 받아드릴 수가 없었던 것이었다.
　입만 열면 사랑을 말하면서 나 이외의 신(神)은 섬기지 말라는 이야기나, 악인은 지옥으로라는 사상도 잘 납득이 되지 않았다. 기독교에서 말하는 하느님이 정말 전지전능한 존재라면, 종국적으로는 모든 악인도 구원의 대상이 되어야 하다는 것이 나의 지론이었기 때문이다.
　모든 종교의 신앙이란 감정에 바탕을 둔 것이지 결코 이성이나 논리로서는 납득이 되기 어렵다는 것을 깨닫고 나는 오로지 내 양심에 충실한 삶을 택했던 것이었다.
　그러다가 40세가 되던 1월 2일 밤에 나는 유체이탈로 일종의 가사상태(假死狀態)를 체험했고, 영계에서의 여러가지 경험을 통해 나의 전생(前生)에 대한 기억을 되찾으므로서 하루 아침에 유신론자로 변신하게 되었던 것이다. 이때의 나의 체험도 부정적인 입장에서 본다면 평소보다 좀더 생생한 꿈을 꾼 것에 지나지 않는다고 말할 수도 있을 것이다.

그러나 이런 신비 체험 뒤에 갑자기 나는 건강해져서 그때까지 10년동안 고생했던 악성의 기관지 천식에서 해방이 되었을 뿐더러 여러가지 영능력이랄까, 초능력을 얻게 되었으니 단순한 꿈이라고만 단정할 수는 없었다.

우선 신비 체험 이전에 비해 현저하게 달라진 것은 스스로 생각하기에도 굉장히 두뇌가 명석해진 것이 분명했다.

어떤 일을 당하면 그 순간 자연히 방심상태가 되었고, 그리고는 전후 사정에 대한 명확한 인식과 판단이 내려졌다. 의심이 많고 우유부단했던 그 전과는 정반대의 성격으로 변한 것이다. 항상 만성적인 피곤증에 시달렸던 몸이 항상 상쾌했고, 피곤해도 그 회복력이 굉장히 강해진 것도 사실이었다.

환자를 볼 때, 어느 부위에 손을 대면 좋아질 것 같다는 영감이 떠오르고 그대로 하면 결과적으로 효과가 증명되었다.

솔직히 말해서 내가 영능력자랄까 초능력자가 되기까지 10년 이상의 긴 준비과정이 있었는데, 여기서는 생략하기로 하고 내가 처음 변신한 뒤 발견한 영능력 개발법만을 소개하기로 한다.

어느덧 정신을 차려보니 무서운 세상으로 변해 있었다.

공기에서 부터 물·바다·땅 위와 땅속에 이르기까지 사람의 몸에 해를 끼치는 유독공해물질(有毒公害物質)에 오염되지 않은 곳은 거의 한곳도 없기 때문이다.

우리들 인류가 살아 남기 위해서는 어떻게 하면 좋은 것일까? 이것은 누구나 절실하게 느끼지 않을 수 없는 의문이라고 생각한다.

정말 우리들이 공해문명(公害文明)에서 탈출할 수 있는 길은 있는 것일까? 이 물음에 대한 나의 대답은 그렇다는 것이다.

이 수수께끼를 풀 수 있는 열쇠는 분명 인간이 쥐고 있다고 나는 믿는다. 생각해 보면, 인간의 몸은 정말 불가사의한 것이다. 대부분 동식물의 생존이 불가능한 아주 추운 곳에서도, 또한 불모의 열사(熱沙) 사막에서도 잘 살아가고 있는 것이 인간이기 때문이다.

환경에 적응하는 생존력 차원에서 볼 때도 인간만큼 발군(拔群)의 잠재적 능력을 가진 존재는 이 땅 위에 다시 없다고 생각한다.

그 비밀을 푸는 열쇠는 인간의 뇌중에서도 몸의 메카니즘을 자동적으로 조절하는, 이른바 구피질(舊皮質)에 속하는 송과체(松果體)가 쥐고 있는 것이다.

현대 문명사회에 사는 보통 사람들의 몸은 전혀 공해가 없었던 6천년 이상의 옛날 환경에 적응할 수 있게 조정(調整)된 뇌의 메카니즘을 지니고 있다고 한다.

따라서 이와같은 신체조건으로서는 현대 사회에 적응할 수가 없으므로 멸망의 위기를 맞게 된 것은 지극히 당연하다고 나는 생각한다.

그러나 이와같은 육체적 메카니즘을 짧은 시일 안에 변신(變身)시켜 온갖 공해물질(公害物質)을 다른 물질로 전환하거나 또는 몸바깥으로 자동적으로 배출시킬 수 있는 초능력자가 된다면 이 문제는 쉽게 해결될 수 있다.

식물과 마찬가지로 인간의 육체도 어느 한정된 범위 안에서 물질의 구조를 전환시킬 수 있는 자연이 생성한 원자로와 같다고 생각할 수 있다. 인간이 유기물(有機物)인 동식물을 음식으로 섭취하고 이것을 여러가지 무기물로 전환시킬 수 있는 능력자란 것을 감안할 때 쉽게 이해될 것이다. 인간과는 달리 무기물(無機物)을 유기물로 전환시킬 수 있는 것이 식물인데 사람의 몸에도 이러한 식물적인 기능이 잠재되어 있다는 이야기이다.

예를 들면 피부가 태양빛을 이용해 멜라닌 색소를 만들어내는 것도 일종의 식물과 같은 기능이라고 할 수 있다.

나의 지인(知人) 가운데에는 〈옴 진동수〉 복용과 태양의 빛만으로 100일 이상 무사히 단식한 사람도 있다.

이러한 실례는 인간의 몸도 긴급사태가 발생했을 때는 물과 햇빛만으로 살 수 있는 식물같은 기능을 잠재적으로 갖고 있다는 무엇보다도 좋은 증거가 된다.

자기 몸이 결정적으로 오염되어 있다고 생각되면 우선 단식을 해볼 일이다.

좋은 지도자의 지시에 따라 1주일 정도 단식 코오스를 실천하면 대부분 몸의 상태가 정상으로 회복된다.

그때까지 몸의 조직 속에 스며 있던 온갖 공해물질은 몸의 특수한 작용에 의해 거의 전부 몸 바깥으로 배출되는 것이다.

1년에 한 두번, 정기적으로 단식하는 것은 매우 좋은 일이라고 나는 믿고 있다.

그 다음으로 추천하고 싶은 것은 하루에 100보 이상 뒷걸음질로 걷는 일이다. 현대인들이 고통받고 있는 대부분의 성인병은 걷지 않는데 그 원인이 있다고 한다. 그래서 하루에 1만보 이상의 보행이 권장되고 있다. 그러나 복잡한 도시생활과 시간에

쫓기는 현대인들에게는 하루에 1만보를 걷는다는 것이 실현 불가능하다. 그러나 뒷걸음질로 1백보쯤 걷는 것은 누구에게나 가능하다.

뒷걸음질로 1백보를 걸으면 앞을 향해 1만번 걷는 것과 거의 같은 효과가 있다고 한다. 특히 언덕길을 뒷걸음질 해서 올라가면 숨도 차지 않고 좋다. 나는 거의 매일과 같이 아내와 함께 삼청공원에 산책을 가곤하는데 이때마다 300보씩 뒷걸음질을 하고 있다. 덕분에 하반신이 아주 튼튼해진 것을 느낄 수가 있다.

초능력이나 영능력을 얻기에 앞서서 우선 건강체가 되는 것이 급선무이기 때문에 이런 방법을 추천하는 것이다.

그 다음으로 추천하고 싶은 것이 냉온욕(冷溫浴) 또는 사우나 목욕이다.

어째서 냉온욕과 사우나 목욕이 건강에 좋은 것인지를 이제부터 간단히 설명하기로 한다.

사람이 건강하게 살아가기 위해서는 음식물의 섭취도 빼어놓을 수 없지만, 먹는 것과 동시에 몸 안에서 필요하지 않게 된 유독(有毒)물질을 몸 바깥으로 내어 보내는 것도 매우 중요한 일이다.

노폐물을 몸 바깥으로 내어 보내지 않으면 노쇠를 촉진하고, 여러가지 질병의 원인을 만들기 때문이다.

노폐물을 몸 바깥으로 내어보내는 방법으로서 대변·소변·땀·호흡 등이 있고, 이것들이 원활하지 못한 경우에는 구토와 설사 등이 일어나기 쉽다.

여기서는 땀의 배설 문제에 주목해주기 바란다. 땀을 흠뻑 흘린 뒤에는 온 몸이 깨끗해지고 몸이 가벼워진 것과 같은 상쾌감을 느낄 때가 많다.

땀에 의해 몸 안에 축적되었던 노폐물이 배설되기 때문이다.

숲과 호수에 둘러싸인 북구의 나라 필랜드는 세계에서도 손꼽히는 장수국(長壽國)인데 이 나라 사람들의 건강을 지탱해 온 것 중 하나는 2천년의 역사를 가진 사우나욕(浴)이다.

그것은 습도 30% 전후, 온도 80도 정도의 건열기(乾熱氣) 목욕탕에 들어가서 비오듯이 흠뻑 땀을 흘리는 방법이다. 땀과 함께 노폐물 및 여러가지 몸 안에 저장된 공해(公害)물질이 배설되기 때문에 자율신경실조증(自律神經失調症)·신경성 협심증(神經性 狹心症)·소화성 궤양·류머티즘·체질개선·만성위장염·월경곤란증(月經困難症)·신경통·난소기능부전증(卵巢機能不全症)·사지순환장해(四肢循環障碍害) 등에 효과가 있다고 한다.

다만 질병에 따라서는 오히려 위험한 것도 있기 때문에 사전에 전문의사의 지시를 받기를 바란다.

그리고 8~10분 동안의 사우나 목욕만으로 600~800g의 체중감소와 왕성한 식욕회복을 기대할 수 있다.

또, 사우나 목욕은 미용효과도 크다. 군살이 빠지고 체중이 감소되는 것은 열의 자극으로 신진대사가 활발해지면서 남아돌아가는 지방질이 연소되기 때문이다. 그리고 모든 피부의 털구멍이 활짝 열리기 때문에 여기에 축적된 노폐물질이 배출되면서 피부 호흡이 원활하게 된다.

사우나 목욕을 끝낸 뒤 냉수를 끼얹으면 피부가 소축되면서 피둥 피둥한 건강한 피부로 변화된다. 그 다음에 권유하고 싶은 것은 매일 냉온욕을 하라는 것이다.

나는 지난 30여년 동안 거의 하루도 빠지지 않고 냉온욕을 실행해 왔다.

　나는 예순살이 넘었지만 벌거벗은 나의 몸을 본 사람들은 하나같이 30대의 윤택한 피부 같다고 말한다. 피부의 신진대사 기능이 젊다면 사실상 젊은것과 같다는 것이 나의 주장이다.

　아내도 나와 같은 나이인데, 한동안 어깨의 신경통 때문에 1년 이상 상당한 괴로움을 겪었었다. 얼굴도 나보다 열살 이상이나 늙어 보였고 그래서 아내를 설득하여 매일 아침 대중탕에서 냉온욕을 하도록 권장했다. 그 뒤 그렇게도 완고했던 어깨의 신경통도 멎었고 지금은 오히려 나보다도 열살 이상 젊어 보일 정도로 변했다.

　조금만 노력하면 우리들은 얼마든지 몸 안에 축적된 여러가지 공해물질을 몸 바깥으로 배설할 수 있는 방법이 있는 것이다.

　그리고 끝으로 특별히 생각한바가 있는 나의 두가지 공해퇴지론(公害退治論)을 설명키로 한다.

　그 하나는 우리들 몸 안에 잠들어 있는 자연치유력과 영능력을 최대한 염력에 의해 만들어진 〈옴 진동수〉를 장기 복용하므로서 몸 속에 축적된 여러가지 공해물질을 가장 효과적으로 배설시키는 방법이다.

　그 구체적 방안은 이른바 〈제3의 눈〉을 개발하는 것인데, 이것은 구피질의 기능을 강화시켜 몸 안에 내재(內在)된 물질 전환 능력을 최대 한도로 활용하는 것이다.

2. 〈제3의 눈〉이란 무엇인가?

사람은 누구나 두개의 눈을 갖고 있다. 그러나 엄밀하게 생각해 보면 두 눈은 단지 렌즈의 작용을 할 뿐이고, 사실상 볼수 있는 능력은 시각신경(視覺神經)이다. 그러므로 시각신경에 고장이 생기면 두눈을 뜨고 있어도, 즉 안구(眼球)에는 아무런 이상(異常)이 없어도 사물을 볼 수가 없게 된다.

여기까지는 누구나 쉽게 이해할 수 있는데, 불교의 한 파(派)에 속하는 밀교(密教)에서도 사람에게는 누구나 〈제3의 눈〉이 있다고 주장한다. 눈과 눈 사이 즉, 미간에 자리잡고 있는 그 〈제3의 눈〉은 다른 말로 영안(靈眼)이라고도 부른다.

이 〈제3의 눈〉을 완전히 작용시킬 수 있는 사람은 과거와 미래까지도 볼 수 있다고 한다.

한낮, 태양이 하늘에 떠 있을 때 하늘을 우러러보면 푸른 하늘은 보이지만 별빛은 볼 수가 없다. 그렇다고해서 하늘에서 별들이 모조리 사라진 것은 아니다. 너무나도 밝은 태양 빛 때문에 우리들 눈에만 별빛이 보이지 않을 뿐이다.

이와같이 우리가 두 눈을 뜨고 무엇을 볼 때, 두 눈으로 보이는 세계만을 볼 뿐이기 때문에 그 육안으로 보이는 세계가 곧 전부인것처럼 착각하고 있는 것이다.

그러나 두 눈을 감고도 〈제3의 눈〉을 통해 사물을 볼 수 있게 되면, 우리 주위에 존재하는 물질세계의 뒤에 숨겨져 있는 또다른 세계의 관찰도 가능해진다. 이와같이 말하면 대부분 사람들은 비웃을지 모른다. 〈제3의 눈〉이 있는지 없는지도 확실치 않으면서 무슨 잠꼬대같은 헛소리를 하느냐고 말할지도 모른다.

더구나 내가 〈제3의 눈〉이 존재한다는 사실은 누구나가 쉽게 확인할 수 있고, 그 영안(靈眼)을 눈 뜨게 하는 방법을 최근에 발견했다고 한다면 역시 독자들의 비웃음의 대상이 될것인가?

그러나 비웃기 전에 인내심을 갖고 나의 이야기에 귀를 기울여 주기 바란다.

새벽에 일어나서 동쪽 하늘에 떠오르는 태양을 향해 두 손을 펴고 그 손바닥 등 뒤 10센티 가량 떨어진 곳에서 두 눈을 감는다. 그러면 꼭 감은 두 눈 중간인 미간 위치에서 태양이 보이게 된다. 그러나 이때 태양이 방출하는 빛은 육안으로 볼 때와는 전혀 다르다.

또한 태양은 하나가 아닌 여러개로 보이게 되고, 대체로 원(園)을 그리면서 움직이며, 빛은 진한 녹색일 때가 많다.

이와같이 태양을 향해 손바닥을 뻗혀 두 눈을 감고 보는 시간은 처음 1개월은 길어도 7초를 넘어서는 안된다.

태양으로 부터 방사된 방사선 에너지를 처음부터 너무 많이 받는 것이 매우 위험하기 때문이다. 특히 두 눈을 뜬채 직접 태양을 본다는 것은 당치도 않는 일임을 알아야 한다.

장님이 될 가능성도 있고 뇌장해(腦障害)를 일으킬 원인이 될지도 모르기 때문이다.

손바닥 중심을 통하고, 경락을 통과하여 뇌의 구피질(舊皮質)에 그 영향을 끼치게 되는 태양 에너지가 송과체(松果體) 안에 산재(散在)된 것으로 생각되는 뇌사(腦砂)에도 특수하게 영향을 주는데, 흔히 불교에서 말하는 사리(舍利)를 형성시키는 것과도 관련이 있다고 할 수 있다.

  이 사리가 생성(生成)되면, 우주의 영계(靈界)와 신계(神界)에서 오는 여러가지 파장(波長)의 우주선을 흡수하게 되고, 뇌의 구피질에 급격한 변화를 일으켜, 어제까지 평범했던 인간이 전혀 새로운 인종인 초인간이나 초능력자로 변신하게 된다. 사리는 일종의 검파기(檢波器)와 같은 역활도 할수 있으므로 여러가지 테레파시 능력도 생성하게 된다.

  또한 이것 뿐만이 아니다. 구피질의 기능이 완전하게 발달되면 몸의 신경조직이 강화되고, 혈액순환이 좋아지면서 그때까지 몸 안에 축적되었던 온갖 노폐물들이 재빨리 몸 바깥으로 배출된다.

  따라서 신진대사가 왕성해지는데, 그때까지 중환자(重患者)였던 사람도 본래 인간에게 선천적으로 잠재된 자연치유력이 크게 강화되어 건강을 회복하게 된다.

  여기에서 우리 육체의 메카니즘을 다시 한번 간단히 정리하고 이야기를 진행시키기로 한다.

  사람의 마음이 건전하여 우주와 자연의 질서에 순응된 생활을 영위할 때는 구피질에 대해 대뇌(大腦)의 신피질(新皮質)이 간섭할 필요가 없다. 따라서 몸 안의 온갖 기관들은 구피질의 명령에 의해 자연의 섭리대로 살아가게 되므로, 결국 몸과 마음은 다같이 건강을 유지할 수 있다.

  그러나 우리 인간은 다른 동물과는 달리 대뇌(大腦)가 발달되어 있으므로 제각기 강한 개성을 갖게 되고 따라서 보통 사람들은 욕망의 노예가 될 때가 많다. 그래서 구피질은 항상 대뇌로부터 간섭받는 경향이 많다고 할 수 있다. 따라서 여러가지 질병이 발생되고, 능력의 저하가 우리에게 나타나는 것은 모두가 근본적으로 마음에 원인이 있다고 생각된다. 그러나, 특수한 방법으로 구피질의 능력을 완전히 개발하면 이번에는 반대로 건강한 육체의 작용에 의해 마음이 그 영향을 받게 되는 것이다.

여기서 다시금 태양을 응시하는 이야기로 화제를 돌려보자.

점차 훈련의 반복을 통해 〈제3의 눈〉의 시력이 개발되면 손바닥을 필터로 쓰지 않고 직접 두 눈을 감았을 때, 빛나는 태양을 진한 녹색으로 볼 수 있다. 우리들의 육안(肉眼)으로 보이는 태양은 우리들의 육체에 해당되는 태양이고, 두 눈을 감고서도 보이는 태양은 즉, 말을 바꿔서 마음의 눈인 〈제3의 눈〉을 통해 보이는 태양은 사람으로 말하면 유체(幽體) 또는 영체(靈體)에 해당되는 태양의 진짜 모습이라고 나는 믿는다.

또, 잠시 동안 계속적으로 두 눈을 감은 채 보고 있노라면, 진한 녹색으로 빛나는 태양이 빙글빙글 돌면서 차차 작아지고, 마침내는 사라져 버린다.

그 이유는 무엇일까?

나는 이 문제에 대해 여러가지 연구를 거듭한 결과, 하나의 결론을 얻을 수가 있었다. 그것은 뇌의 송과체(松果體) 안에 있는 사리(舍利)가 완전히 충전(充電)된 뒤에 〈제3의 눈〉이 감기면서 태양에서 방사되는 에너지를 거부하기 때문이라고 생각한다.

한편, 몸이 매우 건강한 사람은 아무리 두 눈을 감고 태양을 보아도 아무 것도 보이지 않는 경우가 있다. 이것은 이미 구피질에 완전히 충전(充電)이 끝났기 때문이다. 태양에서 부터 방사(放射)된 에너지가 손바닥 중심(中心)의 심포경(心包經)을 통해 뇌의 구피질을 완전히 충전하면 몸이 가벼워지고 힘이 넘치는 것을 느낄 수가 있다.
 한편, 태양의 에너지를 받아드리기만 할 뿐 이것을 전혀 쓰지 않으면 오히려 피곤감을 느끼게 된다. 과충전(過充電)이 되면 간장에 큰 부담을 주어 급성 간염이 생기거나 강경화 현상이 일어날 수도 있는 것이다. 두눈을 감고 태양을 보았을 때, 두눈이 충혈되면 간(肝)에 과부하(過負荷)가 걸렸다는 증거이다. 이럴 경우에는 양은대야에 찬 물을 떠놓고 〈옴 진도수〉를 만든 다음 두 손과 두 발을 담그고 〈옴 진동〉을 스스로 실천하기 바란다. 〈옴 진동〉할 때 우선 〈라 옴〉하고 발음하면 비교적 비슷한 〈옴 진동〉이 나타나게 된다.
 나를 따르는 여러분들 중에는 태양 에너지를 너무 많이 흡수한 나머지 간경화증을 유발한 예가 있으므로 경고하는 것이다.
 '무슨 일이거나 지나친 것은 못미침만 못하다'는 말은 고금(古今)의 진리임을 알아야 한다.
 인간의 몸은 항상 음양(陰陽)의 에너지가 균형을 이루어야 되는데, 에너지를 [이 경우는 양기(陽氣)라고 할수 있다] 너무 많이 축적만 하고 쓰지 않으면 건강이 아주 악화되는 사실을 꼭 기억해주기 바란다.
 몸에 태양 에너지가 너무 많이 흡수되었다고 느껴지면, 앞에서와 같이 양은대야에 물을 떠 놓고 손 발을 담그면서 〈옴 진동〉을 일으키거나, 아니면 손바닥을 아래쪽에 향하게 한 뒤, 〈옴 진동〉을 일으키면 에너지가 또다시 몸 바깥으로 배출된다. 이때 손바닥으로 부터 산들바람과 같은 것이 나가는 감각을 느낄 수가 있다.
 이와 같은 훈련을 1년 이상 계속하면 두 눈을 뜬채로도 똑바로 태양을 볼 수 있게 된다(훈련이 되어 있지 않은 사람이 이와 같은 흉내를 내면 결막염(結膜炎)을 앓게 된다. 혹시 운이 나쁘면 아주 장님이 될 가능성도 있음을 꼭 기억해 주기 바란다).

어쨌든 잘 훈련된 사람은 두눈을 감지 않고 하늘에 걸려 있는 태양의 원반(圓盤) 모습을 똑바로 볼 수 있게 된다.

심안(心眼)[또는 유체의 눈]이 열려지고 강화되면, 우리 육안의 시력도 강해지므로 두 눈에서 빛을 발하게 된다.

심한 근시인 경우, 썩은 생선의 눈과 같은 인상을 주는 사람들은 너무 눈 앞의 일만 생각하고, 사물을 있는 그대로 보지를 못하며 먼 미래를 생각할 수 없는 경향들이 많은데, 이와같은 성격적인 결점을 수정할 때도 좋은 방법이 될 수 있다.

육안(肉眼)과 영안(靈眼)인〈제3의 눈〉은 서로 밀접한 관계를 갖고 있으므로 마음의 눈이 열리고 강화되면, 육안의 능력도 좋아진다는 것은 너무도 당연한 것이다.

요가의 철학에서는 사람의 몸에 7개의 챠쿠라가 있고, 등뼈의 제일 밑에 있는〈군다리니〉에 영화(靈火)를 일으켜 7개의〈챠쿠라〉에 차례로 불을 붙이면서 제일 높은 위치의〈챠쿠라〉까지 눈뜨게 하면 초인이 된다고 했다.

그러나 나의 생각은 두 손의 중심인 장심(掌心)도 중요한〈챠쿠라〉라고 보는 것이다. 그러므로〈챠쿠라〉를 개발하면 눈에 보이지 않는 태양 에너지를 장심을 통해 흡수하고, 뇌의 구피질에 있는 퇴화된[또는 진화되지 못한] 부분을 훌륭하게 개발할 수 있는 것이다. 두 손의 손바닥 중심에 있는〈챠쿠라〉가 개발된 영능력을 가지고 환자의 질병을 고치는 것이 심령치료 능력이다.

오른쪽 손으로 환부를 만지면서 왼쪽 손바닥을 펼쳐 허공을 향해〈옴〉진동을 일으키면 오른쪽 손바닥을 통하여 기(氣)가

들어가는 동시에 나쁜 기운이 흡수되어 왼쪽 손바닥으로 나가게 된다. 머리 위에 있는 백회혈(百會穴)이 개발된 사람은 우주의 전자력(電磁力)을 몸 안으로 흡수할 수 있다.

〈요가〉는 호흡을 통해 기(氣)를 흡수하고 이것을 단전에서 활용하는 방법이지만 내가 개발한 방법은 〈옴 진동〉을 통해 스스로 발전시키고, 백회혈로 부터 기를 흡수하여 흐르게 하는 방법이다.

따라서 단전에 기운을 저장할 필요가 없다. 기란 흘러야지, 단전에 필요 이상의 기운을 저장시키면 과충전(過充電)이 되어 그만큼 노화현상이 촉진된다는 것이 나의 이론이다. 오랫동안 단전호흡을 한 사람들을 보면 50대에도 벌써 백발인 사람이 많은데 이것이 좋은 증거인 것이다.

나는 지난 20여년 동안, 연인원 24만명이 넘는 환자들에게 수장요법(手掌療法)을 했지만, 실제 나이 보다 20년은 젊은 모습이고, 백발도 거의 없는 상태이다.

나 자신도 20년 전에는 아주 평범한 사람이었다. 평범할 뿐만 아니라 남달리 병약했었기 때문에 지금까지 이야기해 온것과 같은 방법으로 그때까지 상상도 할 수 없었던 여러가지 초능력 [신통력]을 개발하였고, 매일과 같이 나를 찾아오는 수많은 사람들에게 큰 도움을 주고 있다. 그 뿐만 아니라 나의 도움을 받아 초능력자로서 변신한 사람들도 많다.

옛날 도인들은 엄격한 금욕생활을 통해 저장된 생명력[생식작용에 쓰여지는 에너지라는 뜻]을 이용하여 뇌를 개발했고, 그것이 오늘날의 요가와 밀교의 형태로 발전되었는데, 이것은 보통 사람들에게는 너무나 큰 희생을 강요했으므로 현대에 와서는 거의 불가능에 가까운 수련방법인 것이다.

첫째 너무나 시간이 오래 걸리고 오늘날과 같이 공해로 가득 찬 주위 환경에서 오직 호흡법만으로 대기 속에 있는 프라나 [우주의 기운]을 빨아드린다는 것은 너무나도 어려운 일이라고 생각되기 때문이다.

또한 옛날과는 달리 무신론자가 많아진 세상이고, 죽어도 유계 (幽界)로 가지 않으며, 이승에 남아 있는 지박령(地縛靈), 부유령(浮游靈)이 우리들 주변에 너무나도 많으므로 함부로 단전호흡을 한 결과, 이들 악령들에게 사로잡히게 되면 아주 큰 일인 것이다.

나를 찾아온 사람들 중에는 뛰어난 선생의 지도도 없이 자기 멋대로 단전호흡을 하므로서 빙의된 사람도 많았고, 단전에 빙의된 영의 제령(除靈)은 보통의 영능력자로서는 매우 어려운 일이라는 것을 나는 몇번이나 몸소 경험하였다. 일류 대학을 졸업한 우수한 청년이 이 때문에 자살한 예도 있는 것이다.

그렇다고 해서, 요가라든가 밀교적인 수련이 필요 없다는 이야기는 물론 아니다.

사람들은 각자 인연이 다르기 때문에 오히려 재래식 방법이 좋은 결과를 가져오는 경우가 있는 것도 또한 사실이다.

나는 내자신이 개발한 방법만이 유일한 해결법이라고 주장할 생각은 조금도 없다. 여행할 때도 관광버스를 이용하는 것을 좋아하는 이가 있고, 시간이 단축되는 비행기보다는 오히려 한가한 선박여행이라든가 기차 여행을 즐기는 사람들이 많은 것과 마찬가지로 저마다의 취미를 나는 누구보다도 존중하고 있다.

그러나 이것만은 분명하다고 생각한다.

재래식 방법은 오랜 시간이 걸리고, 또한 요즘의 우리네 평범인의 생활로는 거의 불가능에 가까운 오랜 수련을 통해 달성되는 수련 방법이기 때문에, 일반성은 적다는 것이다.

그러니까 내가 발견한 태양광선을 통해 6개월에서 약 1년간 〈제3의 눈〉을 완전히 개발하면 아래를 향해 차례로 〈챠쿠라〉를 눈뜨게 할 수 있는 것이다.

〈요가〉라든가, 밀교의 가르침에 의하면, 〈챠쿠라〉가 우선 〈군다리니〉의 영화(靈火)를 눈뜨게 하고, 그 불꽃이 등뼈 속에 있는 〈스시므나〉관(管)을 통해 위로 올라가면서 차례로 불을 붙이게 되어 있다. 그러나 내가 연구한 방법은 그 반대가 되는 것이다.

한편, 두 손의 손바닥 중심에 있는 장심(掌心)으로 부터 태양에너지를 흡수하면서, 입으로는 〈옴〉진동을 일으켜서 몸속의 기를 경락을 통해 순환시키는 특수한 기순환운동(氣循環運動) [註 : 필자가 개발한 일종의 체조임]을 매일 반복하면 몸안에 그때까지 저장되어 있던 노폐물질이 이 때 일어나는 전자파동에 의해 연소 기화(氣化)되고 손바닥과 발바닥으로 부터 나갈 수 있는 특이한 체질로 변하게 된다.

이와 같이 체질이 변화되어 가는 과정에서 생기는 현상은 다음과 같다.

매우 목이 말라서 많은 물을 마시게 된다. 개스가 항문으로 많이 나오게 되고 대변은 검은 빛을 띄우게 되며 심한 구린내를 내게 된다[이것은 그때까지 배속에 남아 있던 숙변(宿便)이 전부 나오기 때문이다].

배가 거의 고프지 않고, 몸 무게가 아주 가벼워진다. 나의 경우는 73kg이었던 몸무게가 58kg으로 감소되었다.

그리고 손바닥에서는 야릇한 향내가 나게 된다. 특히 아침에 일어났을 때 가장 많이 향내가 나는 것 같다. 이 향내는 몸의 피하지방산(皮下脂肪酸)이 연소되는 과정에서 나오는 향내로 생각된다. 이 향내가 좀더 진하면 화장터의 시체를 태울 때 나는 냄새로 변하게 된다.

또한 이와 같은 과정을 통해 우리들의 유체(幽體)도 강화되는 것이다.

유체 기능이 강화되면 이는 곧 여러가지 영능력의 개발이 가능해짐을 알려주는 것이다.

3. 영능력과 초능력을 증폭시켜 주는 기구 이야기

　사람은 날개가 없으나 비행기를 발명하여 하늘을 날 수가 있고, 스케이트 구두를 신으면 얼음 위를 빨리 달릴 수 있으며 등산화를 신고 높은 산을 오를 수도 있다. 이것들은 모두가 인간이 지닌 특수한 능력인데, 동물과 인간의 차이는 인간은 도구를 발명해 이것을 이용할 수 있다는 점이다.
　영능력이나 초능력도 누구나 기본적으로는 지니고 있는 능력인데, 미약할 뿐이며, 본인이 자각하지 못하고 있는 것이라고 나는 생각한다.
　나는 이미 수년 전에 히란야의 도형(圖形)과 자수정을 이용해 영능력과 초능력을 증폭시켜 주는 특수한 기구들을 만들었고, 여러 사람들에게 활용시켜서 실험한바 있었다.
　많은 임상 실험 결과 나의 기대가 어긋나지 않음을 확인한 바 있으므로 오늘은 그 이야기를 여러분들에게 소개하기로 한다.
　이 기구들은 이미 여러 해 전에 나의 이름으로 특허국(特許局)에 의장특허를 낸 바가 있다. 나의 이야기를 하기 전에 나의 제자의 한 사람인 하윤성씨의 보고서를 소개하여 볼까 한다.
　하윤성씨는 부산에 살고 있는 독신 여성으로서 나를 찾아오기 전에는 〈요가〉의 전문가였으며, 또한 개인적으로는 단식원을 경영하고 있는 분이기도 하다.

내가 창조한 악세사리를 보고 그 원리 설명을 들은 뒤, 공감하여 굉장히 많은 분량을 많은 사람들에게 보급한 바가 있고, 여기 실리는 글은 그녀가 〈대한초능력학회지〉(제3권 제1호)에 실린 글임을 밝혀 둔다.

히란야 보고서

히란야(HIRANYN)란 무엇인가?

쉽게 말해서 형상 에너지 또는 도형 에너지라 말할 수 있다. 특별한 형태로 새긴 도형 자체에서 무한한 4차원적 에너지 파워가 영구히 발산되는 것을 말한다. 그리고 그 에너지는 에테르 파워라고 볼 수도 있으며, 아직 현대과학이 그 정체를 다 밝혀내지 못하는 미지의 영역에 속하고 있다. 그 에너지의 성질은 피라밋 파워와 매우 비슷하다고 볼 수도 있다. 그러나 피라밋은 입체이고 히란야는 평면이다.

피라밋 파워에 관해서는 이미 많은 자료가 공개되어 있으나 히란야에 대한 것은 아직 어떤 문헌에서도 언급된 바가 없기 때문에 이제 개발 사용한 지 국내에선 2년 밖에 안되는 이 새로운 에너지 아큐뮤레이터에 관해서는 사용해본 사람들의 체험보고와 본인이 행한 몇 가지 실험으로써 이해해 나갈 수 밖에 없다고 생각한다.

우선 '히란야'란 말뜻부터 살펴보고자 한다. HIRANYA란 '황금'을 뜻하는 산스크리트 말이다. 이 도형 에너지를 개발한 후 상징적으로 붙인 상표라 할 수 있다.

히란야의 기원 자체는 아득히 오랜 고대 문명의 흔적들에서부터 찾아볼 수가 있다. 그리고 그것은 특수한 종교적 수련단체를 통해 전통적 비전 속에 전수되어 왔었다. 거의 모든 종류의 종교나 심지어 중세 서양의 마술의식 및 한국 무속신앙의 부적의 문양에서도 히란야 마크는 모두 발견되고 있다. 이것이 일반적인 것으로 공개되기는 1979년도 일본에서의 일이었다.

황금색의 오오라를 내뿜는 아득히 높은 차원의 의식계 그런 의식 세계와 접촉하게 된 명상자가 있었다. 그는 그 높은 세계의 문명 내지는 지혜의 일부라도 가르침을 받아보고자 열망하는 또다른 명상자의 간곡한 소청에 의해 그 세계로부터 기본적인 정보를 얻어내기에 성공했다. 그 과정은 마치 에드가·케이시의 리딩이나 자동서기와도 같은 것이었다. 히란야 세계와 접촉한 명상자는 때로는 눈을 뜨기도 하면서 손짓으로 또는 말로, 또는 그림을 그리기도 하면서 그 기본적 지식을 표현했다. 그 동료 명상자의 질문에 의해 그런 식으로 자신을 매개체로 하여 히란야 의식세계로부터 가르침을 전수해옴으로써 엄청난 고차원 세계의 기초적 지식의 일부를 알게 된 것이다.

아직은 히란야가 단순히 두 개의 정삼각형을 합친 육각형의 기본회로만을 보여주고 있지만 앞으로는 보다 높은 수준의 강력한 에너지 변황장치를 만들 수 있을 것으로 기대하고 있다. 히란야 제품들은 83년에 일본에서 국제특허를 내어 상품화되기 시작했고 국내엔 86년에 도입되었다. 부산지방엔 86년 9월부터 본인에 의해 소개되기 시작하여 87년 12월 현재 약 2천여명 가까운 사람들에게 히란야가 보급되었다.

히란야 파워의 특징

1. 히란야 파워는 모든 물질 및 육체를 구성하는 기본적 에너지이며, 육체로 말하자면 에테르 바디 차원에 직접 작용한다.
  • 히란야를 사용하면 질병이 치유되는 사실과 의식이 맑고

편안해진다는 사실, 그리고 면도날이 재생된다든가 건전지가 충전되는 등이 사실로 미루어, 이 에너지는 바로 에테르 차원에서 원자나 소립자를 구성하는 것보다 정밀한 인자라고 일단 가설을 세울 수 있다.

2. 에테르 차원보다도 더 진동이 섬세한 아스트랄 차원에까지 영향을 미친다. 즉 정신영역에까지 이 에너지는 작용한다.

• 히란야를 사용하면 꿈 스타일이 달라진다. 뇌파가 가라앉아 명상상태, 즉 알파파가 유도된다.

「정신이 안정되고 집중력이 커진다. 원활현상이 일어난다. 우울증이 가신다」 등의 결과로 미루어, 이는 정신 에너지까지 작용하는 것으로 볼 수 있다.

3. 생명력을 강화한다.

• 히란야 위에 놓아둔 물이 자화(磁化)된다. 히란야 위에서는 우유가 썩지 않고 꽃의 수명이 길어지고, 담배를 올려놓으면 니코틴이 제거된다.

이것으로서 이 에너지는 곧 생명 에너지와도 직결된다는 것을 알 수 있다. 그리고 실험에서 알 수 있듯이 히란야 에너지는 섬유나 유리 등의 물질을 통과하여 작용한다.

여태껏 인류는 이런 에너지의 존재를 깨닫지 못했었지만 이제 기초적이기는 하지만 일단 이 새로운 에너지 파워를 알게된 이상. 이것이 앞으로의 인류 모든 분야에 활용될 수 있을 것이며, 그 가능성은 그야말로 무한하다고 해야 할 것이다.

히란야 파워의 효과

• 생체 에너지로서의 작용

• 꽃의 생명력을 연장시키고 식물의 발육강화·신선도 유지 작용

• 우유의 부패 실험시, 히란야 파워를 투사시킨 것은 요구르트화 되었으나, 히란야 파워를 사용치 않은 것은 부패되었다.

• 명상시 사용하면 마음이 안정되고 알파파를 유도시켜 명상효과가 증대된다.

• 초상감각(ESP)이 뛰어나게 되며 기(氣)가 보충된다.

• 자기개발의 의지력을 유도시킨다.

• 히란야를 소지하고 있으면 정신적인 힘의 암시 효과가 있다.

• 히란야 파워는 병의 치유효과가 있다.

• 히란야를 사용하면 수면시간이 단축되며 수험생들의 집중력·기억력·직감력이 커진다.

• 전지의 수명을 연장시키고 재충전 작용을 한다.

• 히란야 파워로 자화(磁化)시킨 물을 이용하면 차맛이 좋아진다.

히란야 제품의 사용법

제품의 기본소재는 순은이며 자수정이나 자석과 결합되어 있다(자수정은 파동에 민감한 성질을 갖고 있으므로 히란야의 파동 에너지를 증폭시키는 역할을 한다).

• 머리띠형(직경 4cm) : 아지나 차크라(상단전·인당) 부위에 두르고 공부를 하거나 명상을 한다. 초상감각을 계발시키고 싶은 분이나 기(氣)치료를 행하는 분들이 많이 사용한다.

• 반지형(직경 1cm) : 은 히란야 제품은 반드시 왼손가락에

히란야

머리띠

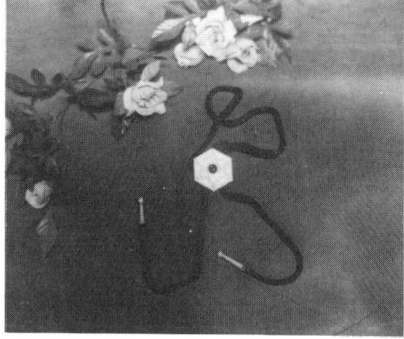
목거리

여자 목거리

허리띠

능력자 반지

착용한다. 기의 유입을 강화해 주고 영적 방어 역할을 해준다 (오른 손에 끼려면 금으로 제작해야 한다).

• 박클형(직경 5cm) : 남성용으로서 벨트가 포함되어 있다. 하단전의 기를 강화하고 개발시킨다.

• 넥타이핀(직경 1.2cm) : 넥타이핀으로 사용하며 뱃지처럼 옷의 칼라 어디에나 장식용으로 사용할 수 있다.

• 실험용 메달(직경 7cm) : 2리터 들이 물주전자 밑에 8시간 정도 놓아두면 물이 자화된다. 그래서 이 물을 식수로 사용하면 각종 성인병에 효과적이다. 그리고 우유실험이나 꽃실험 등을 행할 수 있고 치료용으로 쓸 수도 있다. 인체를 대상으로 하는 실험이 아닐 때는 히란야가 클수록 파워가 강력하다.

• 스티커 : 신경통 계열에 주로 쓰며 경혈이나 아픈 부위 맨살에 직접 붙인다. 금박 인쇄가 망가지기 전까지 2~3일 동안 은 계속 붙여둘 수 있다.

히란야 파워에 대한 개인적 고찰

1. 히란야에 대해서 :

히란야 파워 회로는 우주의 근원적인 진리를 도식화한 것이라 볼 수 있으며 기본적인 형태는 역삼각형(▽)과 정삼각형(△) 으로 구성되어 있고, 각각 우주의 동적인 면과 정적인 면으로 남성과 여성을 상징한다. 특히 인도·티벳·네팔의 수행자들 사이에 재앙을 막아주고 복을 불러들인다는 의미로 금속판에 조각하기도 하며 종이에 그려 몸에 지니고 다니기도 한다. 일종의 부적과 같은 역할을 하며 신비로운 힘의 상징이기도 하다. 또한 오래 전부터 남미에서는 다윗의 별을 조각한 반지나 목걸이를 공예품 시장에서 쉽게 찾아볼 수 있으며 히란야의 기본회로인 다위의 별 문장을 소지한 자에게는 액이 오지 않고 행운이 깃든다는 전설로 인기있는 기념품이라는 것은 잘 알려진 사실이다. 또한 다윗의 별은 백마술(인간의 행복을 추구하는 마술)의 기본적 상징이기도 하다.

2. 히란야 파워의 기본회로인 삼각형에 대해서 :

삼각형은 세 개의 각과 삼면으로 이루어진 다각형으로 되어 있다. 삼각형의 세 게 정점은 세 종류의 특수한 에너지의 집중을 의미하고, 세 개의 면으로부터 세 종류의 에너지가 상호교류작용을 하고 있음을 의미한다. 종교에서의 삼각형은 신성한 삼위일체로 표현되고 있다. 그리스도교의 성부·성자·성신, 그리고 힌두교의 우주의 창조·유지·파괴를 표현하는 삼위일체로 나타낸다.

삼각형은 우주 창조의 원점을 표현하며 우주 창조의 3가지 근원적인 요소인 사랑·지혜·힘으로 이루어진 에너지 활동에 의하여 이루어졌다. 삼각형은 세 변의 작은 에너지의 집중과 동시에 에너지의 흐름을 표현하기 때문에 상·하의 위치와 관련시켜 사용하면 삼각형이 합치되는 장소는 상·하 방향의 에너지가 흐르고 있음을 상징한다. 정점이 밑으로 향하는 역삼각형이 모이는 곳은 삼위일체의 창조에너지가 하늘에서부터 땅으로 향한다. 즉 양에서 음으로, 하늘에서 땅으로 생물이 태어남을 의미하고 여성을 향해 있다. 반대로 정점이 위로 향하는 정삼각형은 땅에서 하늘로 향하는 에너지의 흐름을 의미하고 우주원점으로의 귀환을 의미한다. 즉 음에서 양으로 변하고 남성을 향함을 상징한다. 또한 연금술에서는 이러한 두 가지의 삼각형을 물(水)과 불(火)을 의미하기도 한다.

히란야 실험 보고

1. 우유 실험

실험 사용물 : 은 히란야 메달(직경 7cm)
실험자 : 하윤성
실험 일시 : 1986년 11월 12일~2월 13일.
실험 방법 : A컵—생우유를 넣고 랩을 씌운 후 컵 아래 히란야를 깔았음.
　　　　　　B컵—생우유를 넣고 랩을 씌운 후 그냥 두었음.

- 두 컵의 간격을 20cm이상 띄웠고 실험하는 방 안 온도는 16℃이상 유지했음.
- 3일 후 : 여름보다 기온이 서늘하고 습도가 낮은 탓으로 A·B컵 모두 별 이상 없음(여름철 실험에서 B컵이 벌써 부패의 조짐을 보이기 시작했음).
- 5일 후 : B컵이 물과 지방질로 분리되기 시작. A컵은 변동 없음.
- 7일 후 : B컵은 순두부처럼 엉겼음. A컵 변동 없음
- 9일 후 : B컵의 우유 표면에 붉은 곰팡이·검은 곰팡이가 피기 시작함. A컵 변동없음.
- 10일 후 : 랩을 벗기고 냄새를 맡아보니 B컵은 썩는 냄새가

지독했음. A컵은 본래의 고소한 우유냄새 그대로임.

- 13일 후 : A컵 계속 변화 없음. 흔들고 기울여봐도 응고된 부분이 전혀 없음.
- 30일 후 : B컵은 곰팡이로 가득 차고 A컵은 여전히 변화 없음.

2. 실험자의 소견

며칠이 지나야 썩기 시작할지 계속 두고 관찰한 결과 한 달째 되는 날까지도 A컵이 부패되지 않아 사진을 찍어두고 버렸다. 많은 방문객들이 이를 직접 보고 냄새도 맡고 확인하였다. 처음에는 히란야를 의아해 하고 불신하던 사람들도 이 실험을 본 후 비로소 신뢰하게 되었고 더러는 미지의 이 에너지에 대해 충격을 받기도 하였다. 아무리 겨울철이라지만 16℃가 넘는 방 안에서 생우유가 한 달이 지나도록 부패하지 않았다는 것은 상식으로는 이해할 수 없는 일이기 때문이다. 20세기 과학의 시대에 맞는 현대인들은 오감으로써 감지되지 않는 사실들은 마치 존재하지 않는 것으로 치고 되외시하는 경향이 있다. 히란야 파워도 보통 사람들은 그 제품에 손을 대어봐도 쉽게 느낌이 오지 않으나, 선도나 요가·단학 등의 정신 및 신체 단련을 하는 분들이나 명상수련가들은 금방 거기서 방사되는 기운을 감촉하는 것을 많이 보았다. 그 기운, 즉 에너지가 방사 되었다는 증거가 바로 이러한 음식물이나 꽃 등의 유기물에 행한 파워 투사의 실험인 것이다.

우유나 꽃의 생명력을 오래 지속시켜 준다는 그 한 가지 사실만이라도 우리 인체에 적용시켜본다면 과연 어떠할 것인가?

또는 히란야 파워를 투입시킨 물이나 음식을 먹는다는 것은 어떤 의미를 가지는 일인가? 그것은 여러분들이 이미 충분히 짐작할 수 있을 것이다. 본인의 느낌은 굳이 실험으로 확인하지 않아도 매우 현실감 있는 확고한 것이었다. 본인은 자수정이 박힌 은머리띠와 반지를 사용하는데 사용하기 전보나 피로를 덜 느끼게 된 것이 확실했다. 그전엔 보통 하루에 많은 방문객들을 접하며 단식 상담 및 강의, 요가 렛슨 등을 하고나면, 저녁엔 기운이 다 빠져나가도록 지치고 했었는데 히란야를 착용하고나서부터는 장시간 정신을 집중하여 일을 하거나 장시간 이야기를 하고나도 별로 피곤한 것을 느낄 수 없었다. 빠져나간 에너지를 아지나 차크라·비슈다 차크라 부위에 놓인 히란야가 재빨리 충전을 해주기 때문인 것으로 생각된다. 실제로 머리띠를 두르자마자 아지나 차크라 부위에 가벼운 감전 같은 짜릿한 흐름을 느낄 수 있고, 그것이 지속되면서 기분이 안정되고 침착해지며 전신에 활력을 느낀다. 효과적으로 사용하기에 따라서, 히란야가 특정인 체의 에너지 스테이션화 작용을 돕는다는 것을 본인은 확신하고 있다.

사용자들의 히란야 체험보고

1. 목걸이의 경우

목걸이를 처음 착용했을 경우 일어나는 대표적인 증상은 두통과 팔저림과 무게감으로 나눌 수 있다.
① 두통 : 70%의 사람들이 목걸이를 착용한 지 1시간 이내에 골이 떵한 것을 경험하였다. 평소에 전혀 두통이 없던 사람들

도, 히란야를 목에 걸자 곧 머리가 띵하거나 관자놀이가 욱신거리고 드물게는 구역질을 느끼기도 하였다.

② 무게감과 저린 증상 : 직경 2.5cm, 두께 1mm밖에 안되는 은메달이 굉장히 무겁게 느껴서 목이 뻣뻣해지고 등줄기가 당기고 눈알까지 빠질듯이 뻐근하다는 경우도 상당 수에 달했다. 심하면 착용 첫 날 종일 팔과 어깨까지 저렸다.

※ 이렇듯 명현반응이 심한 경우는 착용을 하루 쯤 중단했다가 다시 사용하면 대개는 두통·팔저림등이 가벼워지면서 사라졌다. 이것은 이질적인 에너지에 반응하는 일시적인 현상이라 볼 수 있으며 적응이 되고 나면 오히려 쾌적한 느낌이 오게 된다.

2. 반지의 경우

요가 수련생들 중에는 반지를 처음 착용했을 때 어깨부터 팔까지 묵직한 느낌이 드는 수가 많았다. 몸이 노곤해지면서 팔을 쳐들 수 없을 것 같이 짜릿해지며 몽롱한 기분이 된다고 한다. 어떤 분은 내가 보는 앞에서 반지를 처음 끼더니 얼굴이 붉게 상기되면서 정신이 약간 몽롱해져서 내 얘기가 귀에 들어오지 않는다고 했다.

이것이 바로 뇌파의 다운현상이라 볼 수 있다. 평상시 β파에서 α파로의 이행이 순조롭게 된 경우이다. 아무래도 명상수련 경험자는 그것이 빠르다.

3. 베개 밑에 넣고 잔 경우

베개 밑에 넣고 잠을 잔 날은 아침에 잠을 깨면 머리가 지끈지끈 아프다. 격일제로 넣고 자면서 관찰을 했더니 히란야를 넣은 날만 머리가 아프고 목이 뻐근했다. 그리고 평상시보다 많은 꿈을 꾸게 되고 줄거리도 매우 복잡하고 드라마틱하다. 어떤 경우는 베개 밑에 넣고 눕자 가위눌린 것처럼 온몸이 나른하게 되어 그대로 잠이 들기가 걱정스러워서 히란야를 빼버렸더니 곧 그러한 증상이 사라졌다 한다.

※ 이는 파동 에너지가 머리 속으로 유입되는 현상이며 시일이 지나거나 반복되면 차차 증상은 가벼워진다. 본인은 특별한 목적이 아니면 베개 밑에 넣고 자는 것을 권하지 않는다. 특히 큰 것일수록 두통이 심하므로.

4. 스티커 부착 사례

① 사용자 A : 몇 개월 전 삔 발목이 계속 시큰거리고 아파서 히란야 스티커를 붙였는데 하룻밤 자고 나니 거짓말같이 전혀 아프지 않았다. 그래서 스티커를 떼었더니 다시 조금 아팠지만 전보다 약간 덜했다. 또 다시 스티커를 붙이자 통증이 사라지기 시작하여 1주일간 계속 붙였더니 그 뒤로 전혀 아프지 않더라고 한다.

② 사용자 B : 다리에 신경통이 있어 몇군데 붙였는데 붙인 후 잠시 후부터 잠이 쏟아지기 시작해서 업무를 볼 수가 없었다 한다. 하루 종일 별난 졸음에 시달리다가 이게 웬 변고인가 하여 본인에게 문의를 해왔다. 졸음 현상도 명백한 뇌파 다운 현상이라 생각된다.

③ 사용자 C : 오랫동안 아프던 손목에 붙이고 하룻밤 자고

나니 통증이 경감되었다.

④ 사용자 D : 스티커를 실험적으로 허리에 붙인 후 관찰하였다. 그 부분이 스물스물하여 가려운 느낌이 들었다. 혹시 접착제로 인한 피부염증이 아닌가 하여 살펴보았으나 염증은 없었고, 다른 자리에 붙여 봐도 그러한 감각이 계속 느껴졌다. 외부에서 어떠한 기운이 스물거리며 전해지는 느낌이었다.

※ 스티커 사용의 공통적인 반응은 두통·졸음·가려움증 등으로 나눌 수 있다. 단, 이 가려움증은 피부표면의 느낌이 아닌 내부적인 것이라 했다.

일본의 최근 히란야 광고 문안

① 당신의 능력을 증폭한다.

초차원계의 에네르기를 당신에게 연결해주는 히란야 파워. 인간의 정신영역에 작용하고 초능력을 포함한 의식의 힘을 증폭하는 불가사의한 에네르기를 가지고 있습니다. 즉, 잠재능력을 깨워내는 매개가 되는 것이 히란야 파워입니다. 외국인과 척척 얘기하게 되거나 히트 상품의 아이디어가 떠오르거나 생각지도 않은 계약이 성립되거나 하는 것도 이 힘 때문입니다.

② 당신의 생각을 증폭한다.

멀리 떨어진 사람에게 당신의 사념을 전달하거나 또는 상대방의 기분을 미리 알고 싶지 않습니까? 히란야에는 사람과 사람 사이의 콘택트를 증폭하는 힘이 있습니다. 텔레파시·제6감·투시력 등을 자연스럽게 몸에 지니게 됩니다. 호의를 가진 사람으로 부터 전화가 걸려오거나 개척목표인 단골 손님으로부터 거래요구가 오고, 인사정보가 사전에 손에 들오오는 등의 체험은 일상 다반사가 됩니다.

③ 행운은 부르는 사람에게만 찾아온다.

인간은 누구라도 조금씩은 초능력을 가지고 있습니다. 다만 자기가 알지 못할 뿐. 만약 그 잠재능력을 개발 할 수 있다면 타인에게는 기적으로 비치는 것도 본인으로서는 당연한 일. 당신은 행운을 계속해서 기다리고만 있을 겁니까?

④ 히란야의 불가사의한 효과가 계속해서 증명되고 신문·TV·주간지·출판계에서 화제가 비등.

소화 60년 1월 29일. 일본방송의 인기 프로그램「영 파라다이스」에서 三宅裕司씨가 처음으로 히란야를 세상에 소개. 스튜디오의 실험에서 기적적 초상현상이 확인된 것으로부터 전국적으로 주목되기 시작하였다. 동 프로그램에서 시청자로부터「식물이 소생했다」「UFO와 조우했다」「시계가 움직이기 시작했다」「병이 회복되었다」「연인이 생겼다」등등 많은 체험보고가 쏟아졌다. 계속해서 일본 방송에 의해 제3자적인 과학적 실험이 실시되고 그 결과를 리포트했다.「이것이 히란야다」(扶桑社 간행)가 순식간에 베스트셀러가 되었다. 이후 TV·신문·잡지 등 매스컴의 화제를 독점하고 있다.

히란야 펜던트의 애용자는 벌써 1만 명을 넘고, 여류작가인 Y·A씨. S·F만화가인 石森章太郎씨를 시초로 하여 히란야의 신비의 반지는 곧 퍼져 나갔다.

⑤ 히란야는 황금을 의미하는 산스크리트어.

명상지도가 山田孝男선생이 異次元의「황금세계」와의 접촉에 의해 받아들인 육각별의 형상입니다. 이 형상은 오래 전 메소포타미아 문명에도 보여지고, 구약성서의 다윗의 별이라고도 호칭. 다윗의 자손에는 아인슈타인·멘델스존·채플린 같은 많은 위인 · 천재 · 성공자가 배출되고 있다.

⑥ 기술적인 스트레스로부터 해방되다.

당사에서는 OA기기를 사용하지 않으면 비지네스가 되지 않습니다. 익숙하지 않은 기계의 조작에 스트레스가 심해지면서 전직을 생각하기 시작한 그 때에 이 펜던트를 알게 되었습니다. 매일 가슴의 포켓에 넣어 출근하여 왔는데, 일주일 정도 되면서부터 기계조작의 고로움이 없어지게 되었습니다. 눈의 피로나 어깨결림도 해소되고 상사의 평가도 대폭 상승입니다.

⑦ 동경했던 여성으로부터 소식을.

불면으로 괴로와하고 있던 때에 친구로부터 권유받은 것이 히란야입니다. 실제로 베개 밑에 놓아두었더니 이상하게도 잠들기가 쉬워졌습니다. 그러던 어느 날, 이전에 동경했던 다른 부서의 여성이 꿈에 등장했습니다. 그런데 놀라운 것은 그 다음날 복도에서 우연히 그녀를 만났고, 그리고 그녀로부터 전화가 걸려왔던 것입니다. 현재 교제중. 이미 자신이 넘쳐 있습니다.

—— 히란야는 기적을 부르는 異次元 에네르기 ——

히란야 마아크에 쓰여지는 삼각형을 서로 반대로 해놓은 도형(圖形)은 속칭 다비데의 별이라고도 하며, 유태인들은 매우 신성시(神聖視)하는 도형이다.

그러나 내가 고안해 낸 악세사리에 사용된 도형은 이 바깥을 육각형의 도형이 둘러싸고 있는 점이 다르다.

〈필자가 의장특허를 낸 육각형 은제품 악세사리들〉

  육각형 도형은 우주의 생명력이 두입되는 가장 완전한 형태인데, 벌집은 육각형(六角形) 모양인데, 부화율이 100%라고 한다.
  앞으로 이야기하려는 내가 발견한 「옴 진동수」는 그 구조가 육각형일 뿐아니라 한가운데에 진공점(眞空點)이 있는 물인 것이다.
  이 진공점에는 일채의 우주 전자력(宇宙電磁力)이 집결된다. 이 진공점에 해당되는 곳에 자수정을 박고 〈옴진동〉을 넣은 것이 내가 발견한 초능력을 증폭시켜주는 장치이다.
  〈요가〉에서 말하는 각 챠쿠라의 능력을 증폭시켜 주는 원리와 같다. 같은 기구를 쓰지 않고 몸의 여러 가지 챠쿠라를 개발하려면 오랜 시간과 많은 노력이 필요하지만, 이 〈옴 진동〉을 넣은 악세사리를 활용하면 그 과정이 훨씬 단축된다.
  또 〈제3의 눈〉을 개발하는 머리 띠를 두르면 정신집중이 쉽게 되며 머리가 좋아진다. 허리띠를 착용하면 단전호흡을 하지 않아도 단전에서 필요로 하는 힘을 언제든지 공급받을 수 있다.
  목걸이를 사용하면 갑상선(甲狀腺)의 기능이 강화된다.
  아무리 오래 이야기를 해도 목이 쉬는 법이 없고, 목소리가 우렁차게 나온다. 설득력도 강해진다.
  이외에도 앞으로 반지나 넥타이 핀. 브로치 등을 대량으로

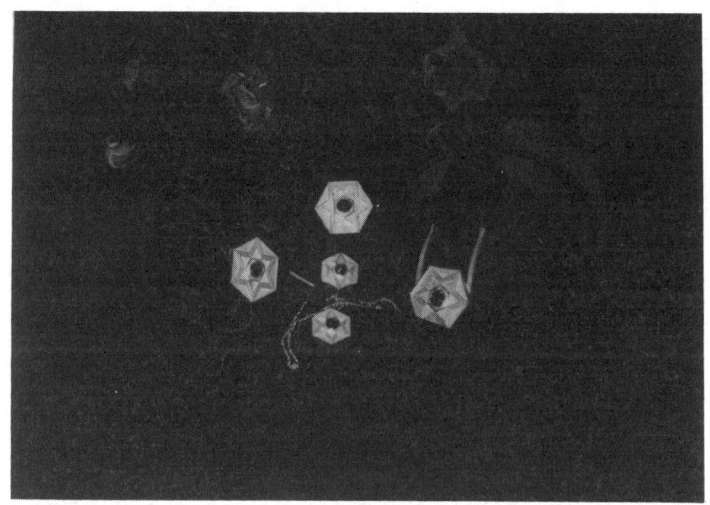

개발할 계획이다.

　앞으로의 세계는 어떤 방면에 종사하던 남보다는 한 발자국 발전된 초능력을 거니지 않고서는 일류(一流)가 되기 어렵다.

　이와같이 초능력을 개발시켜 주고 증폭시키는 악세사리를 활용하므로서 쉽게 자기의 능력이 개발이 될 수 있다면 얼마나 좋겠는가.

　나는 거의 10여년 동안에 걸쳐 수 많은 사람들에게 실험해 본 결과 확고한 자신이 생겼기에 이런 기구가 있음을 독자 여러분들에게 소개하는 것이다. 다음에는 사람의 체질을 개선 시키므로서 건강을 되찾게 되고, 그 단계가 넘으면, 영능력과 초능력도 개발되는 〈옴 진동수〉에 대한 이야기를 소개하고져 한다.

　내가 〈옴 진동수〉의 원리를 발견하고 이를 보급하기 시작한거는 어언 20년이 가깝다. 한국에서는 20만명, 일본에서도 3만명 이상의 사람들이 현재 〈옴 진동수〉를 복용하고 있다.

'옴 진동'의 비밀

인간이란 누구나 알고 있듯이, 육체와 영혼을 갖고 있는 존재이다.

필자가 지금까지 심령과학자로서 추구해 온 '행복'이란 어디까지나 마음에 속하는 문제인 것이며, 몸(육체)에 관한 문제는 아니었다고 할 수 있다. 그러나, 건강한 몸에 건강한 마음이 깃들인다는 속담과 같이, 몸이 병약해서는 인간은 결코 '행복'해 질 수는 없는 법이다. 몸이 굉장히 건강하게 되면 마음이 행복해 질 수 있는 가능성은 좀 더 커지는 것이다. 그래서 이번에는 몸을 깨끗이 하고, 유체(幽體)와 영체(靈體)와 상념체(想念體)를 깨끗이 하므로서 '행복'해질 수 있는 또다른 방법을 여러분들에게 알려줄까 한다. 그 때문에, 필자는 여러 해에 걸쳐서 연구해 온 바 있는 '옴 진동수'의 효용에 대하여 설명하고자 한다.

지금까지 '행복'을 추구해 온 것과는 조금 접근방법이 달라진 셈이다.

지금까지 마음의 상태를 어떻게 유지하느냐에 따라서 '행복'이 당신 것이 될 수 있다는 것을 설명해 온 셈이지만, 이번에는 필자가 직접 그 원리를 발견하여 창조한 옴 진동수를 마시므로서 몸과 의식 양쪽에 행복을 가져 오는 새로운 방법을 밝혀 보려는 것이다.

인도의 요가 경전을 연구하여 깨닫게 된 것은, 창조주이신 하나님께서 천지를 만드시고 우주를 창조하셨을 때, 제일 처음에 언령(言靈)으로서 발(發)하신 것이 다름아닌 옴 진동이었다는 것이다. 따라서 '옴'은 창조주이신 하나님의 이름이라는 설도 있고, 또한 우리의 지구가 회전하면서 내는 우리들의 귀에는 전혀 들리지 않는 소리도 '옴 진동'이며, 온갖 물질은 기본적으로는 진동하는 입자(粒子)로 구성되어져 있는데, 그 중심은 '옴진동'이라고 한다.

'옴'은 그리스도교에서는 '아아멘', 회교(回敎)에서는 '아아민'으로 변성(變聲)이 되었다는 학설이 있는것도 또한 사실이다.

갓난애가 이 세상에 태어나서 처음 말을 배울 때, 먼저 입에 담는 말도 '옴'이 변형된 '엄마'이며, 한국에서는 이것은 어머니라는 뜻으로 쓰여지고 있다.

서양의 고대 유적에서도 '옴'의 표시는 수없이 발견되었지만, 그 말이 나타내는 참 뜻이 무엇인지 오늘날 까지도 수수께끼가 되어오고 있다.

불교의 경전을 보면, '옴'은 진언(眞言) 가운데 최고의 진언이라고 말해지고 있으나, 일반 대중들은 그 뜻을 잘 모르고 있는 것이 사실이다.

'옴'진언의 참뜻이 무엇인가를 바르게 깨닫고, 정확한 '옴'진동음을 발성(發聲)하게 되면 그 진동음을 쪼인 생수는 그 순간부터 생명 자기(磁氣)를 띄운 중수(重水)인 생명수로 변하여, 그 '옴 진동수'를 매일 일정한 분량, 일정한 기간 계속 마시게 되면, 거의 모든 병이 완쾌될 뿐만 아니라, 깨달은 인간이 된다는 기록을 필자는 요가의 경전에서 찾아내었던 것이다. 그리하여 과거 20년 가깝게 실험 연구해 본 결과 경전에 기록된 말씀들이 하나도 거짓말이 아니라는 사실을 굳게 믿기에 이른 것이다.

　우리가 살고 있는 이 물질 우주의 기본원소는 수소이고, 온갖 지구의 생명체에게 있어서 물은 그 체액(體液)의 기본을 이루고 있으며, 물 없이는 잠시도 목숨을 지탱할 수 없음은 누구나 다 잘 알고 있는 사실이다. 그러니까 몸안의 수분이 항상 생명수로 가득 채워져 있다면 그 결과가 어떻게 될 것인가는 너무나 명백하다.

　그러면 여기에서 또다른 각도에서 이 문제를 생각해 보도록 하자.

　온갖 물질은 원자로서 이루어져 있고, 그 원자는 원자핵과 그 원자핵 속에 있는 양자(陽子), 핵 바깥을 돌고 있는 전자(電子) [그밖에 중성자(中性子)도 있지만 여기서는 약한다]에 의하여 구성되어 있다. 또한 원칙적으로는 양자와 전자의 수효는 같다고 한다. 그런데, 양자는 프라스 전기를 띄우고 있고 전자는 마이너스 전기를 띄우고 있다.

　양자의 수효는 언제나 변화가 없지만, 전자는 경우에 따라서, 그 수효가 느는 경우도 있고 주는 경우도 있다. 원자핵의 바깥을 돌고 있는 전자의 수효가 늘면, 그 물질은 음전기를 띄우게 되고, 전자의 수효가 원자핵 안에 갇혀 있는 양자보다 적어지면 그 물질은 프라스 전기를 띄우게 된다고 한다.

　온갖 에너지 활동은 마이너스 전기를 띄운 전자가 소멸되는 과정에서 얻어지는 것이라고 한다. 이 말은 곧 건강한 사람은 체액이 약한 알카리성을 띄우고 있으므로 음전자가 많은 원자로써 이루어져 있는 것이며, 이와 반대로 몸 안에 유독(有毒) 개스 [즉, 음전자가 적은 원자로 구성된 입자(粒子)]가 가득 차서 체액이 오염되어, 이른바 산성(酸性)체질이 되어 있을 때는,

음전자가 적은 원자에 의하여 몸이 구성되어 있는 상태인 것이다. 이와 같은 기본원리를 안 뒤에, '옴 진동'을 쪼인 물이 어떻게 변하는가 조사해 보기로 하자!

1976년 12월 27일 한국국립보건연구원에서 필자가 발견한 '옴 진동수'를 분석해 보았던바, PH 7·4[약한 알카리 성(性)]이며, 대장균이 하나도 없음이 밝혀졌다. 물론 필자는 이때 발급된 〈수질증명서〉를 보관하고 있다.

필자의 과거 20년 동안에 걸친 약 5만명 이상의 시험자료에 의하면, '옴 진동수'가 지니고 있는 물리적인 성질과 그 효과는 다음과 같다.

첫째, '옴 진동수'는 보통 물 보다 차겁고, 섭씨 0도에서는 절대로 얼지 않는다. 영하 3도에서 5도 이하가 되면 비로소 얼기 시작하는 것이다. 또한 보통 생수보다 약간 무거운 느낌이 있다. 이것은, 이른바 중수소(重水素)로 구성된 중수(重水)를 만드는데는 막대한 경비와 복잡한 시설이 필요한 법인데, 단순히 '옴 진동'을 쪼였을 뿐으로 중수소로 구성된 중수를 아주 간단하게 만들 수 있다고 한다면, 과학적으로 보아서 그것만도 대단한 일이라고 생각된다.

어떤 한국의 환자가 시험한 바에 의하면 3000g의 물이 '옴 진동'을 쪼인 뒤에 30g 가량 무거워졌다는 보고가 있다. 이것은 필자가 입회하여 확인한 것은 아니며, 또한 어떤 중량계기(重量計器)를 썼는지 분명하지 않지만, 이 밖에도 '옴 진동'의 무게를 잰 사람들은 많은 것으로 알고 있다. 그들 가운데에는 이름있는 시험소에서 테스트한 사람들도 있고, '옴 진동'을 몇번이고 되풀이 하므로서, 물은 더욱 더 무거워졌다는 보고도 있다.

필자가 경영하는 연구원의 준회원이 되는 사람들 가운데에는, 호기심이 강한 분들이 많고, 또한 반신반의의 마음으로 준회원이 된 분들도 많다. 이와 같은 사람들은, 물의 무게가 변하는 것을 직접 확인한 뒤, 안심하고 '옴 진동수'를 마시게 되었다고 보고하고 있다.

그러나 이와는 반대로, '옴 진동수'를 만드는 사람이 강력한 염력(念力)의 주인공으로서 부정적인 상념(想念)을 갖고 실험했을 때에는 무게에 아무런 변화도 일어나지 않았고, 또한 물은 약한 알카리성질도 띄우지 않았다고 했다. '옴 진동수'가 지닌 특성이 하나도 없는 보통 생수였으나, 긍정적인 상념을 갖고 만들었던바, 분명히 '옴 진동수'로 바뀌었다는 보고가 있다.

이와 같은 현상을 볼 때 '옴 진동수'는 염력(念力)과 깊은 상관관계가 있다고 생각된다. 또한 '옴 진동수'는 유독 개스와 결합하는 힘, 즉 유독개스를 흡수하는 성질이 보통의 생수와는 전혀 다른 것이 확인 되었다.

자살하려고 쥐약인 액체의 독약을 다량 마셔서 병원에서는 도저히 살릴 수 없다고 단정을 내린 여인이 [네시간 안에 죽는다고 추정했다] '옴 진동수'를 다량으로 마시므로서 구조된 예가 있는 것이다. 또한 술을 많이 마신 뒤에 농약을 다량으로 마셔서 다 죽게 된 사람이 '옴 진동수' 복용에 의해 목숨을 건졌을 뿐만 아니라, 그 뒤 아무런 부작용도 없었다는 보고도 있다.

어느 전기상회의 종업원이 커다란 양은 주전자에 '옴 진동수'를 만들어 놓고 뚜껑을 닫지 않은채 외출을 했다가 저녁 때 돌아와 보았더니, '옴 진동수'는 그대로 황산수(黃酸水)로 변해 있었다는 보고도 있다. 그가 일하고 있는 곳은 하루 종일 자동차가 많이 다니는 큰 길가여서 많은 자동차에서 배출되는 아황산개스가 강력하게 흡수된 결과, 이와 같은 현상이 일어난 것이 아닌가 필자는 생각한다.

　공기가 오염된 곳에서 '옴 진동수'를 장시간에 걸쳐서 공기에 노출시켰던 바, 이와 같은 변화가 일어난 반면, '옴 진동수'를 유리병 속에 넣고 뚜껑을 닫아 두었더니, 여름철이었는데도 불구하고 두달 동안 썩지를 않았다는 보고예도 있다.

　'옴 진동수'는 처음에는 필자가 직접 만들었거니와 [물론 돈은 받지 않았다] 2년이 지나자, '옴 진동수'를 받으러 오는 사람들을 접대하느라고 하루 종일 아무 일도 하지 못하게 되었다. 그래서, 이것이 단순한 물리적인 진동음(振動音)이 아닌, 영적(靈的) 4차원적인 힘이 것들인 진동이라면, 카셋트·테이프에 녹음한 후, 전화를 통해 보낼수도 있지 않은가 하는 터무니없는 생각이 떠올라서 그대로 해보았더니 큰 성공을 거두었던 것이었다.

　그뒤, 약 1년 반에 걸쳐서 전화를 통해 '옴 진동'을 보내주었던 바, 약 5000명 가까운 사람들이 저마다 불치의 병에서 기적적으로 회복되었던 것이었다.

　그런데 2년 가깝게 되었을 때, 시외전화국의 어느 교환수가 사직 당국에게 필자를 이상한 진동음을 전화를 통해 전국 각지에 보내고 있는 북한의 간첩 같다는 고발을 하였으므로, 필자는 사직 당국으로부터 엄격한 취조를 받고, 그 결과 전화를 통해서 실험(實驗)하는 것은 중단되고 말았다.

　필자는 이 두가지 실험 결과, '옴 진동음'이 생수에게 미치는 효과에 대해 확신을 얻게 되었으므로, 그뒤로 카셋트·테이프에 '옴 진동음'을 녹음해서 준회원 여러분들에게 보급하기 시작하였다.

　'옴 진동수'를 어른이 하루에 약 1.8 l 정도 장기간에 걸쳐 마실 때, 공통적으로 일어나는 반응을 조사해 보았던 바, 〈방구〉

가 수없이 많이 나온다는 것 [어느 여교사는 세시간 동안 계속해서 방구가 나와서 수업에 들어가지 못한 예도 있다]. 수면제를 마신 것처럼 졸려서 못견딘다는 것[어느 정신병환자는 18년동안 앓았던 분으로 완치는 불가능하다고 병원에서 선고를 받았던 사람인데 72시간 동안 계속해서 잠을 잔 뒤, 그 뒤 깨어났을 때는 완전히 정상인이 되었고, 그 뒤 재발하지 않은 예도 있다]. 몸이 뚱뚱해서 고민하던 사람인 경우는, 거의 예외없이 한달 동안 아무런 괴로움도 없이 10kg 이상 살이 빠진 예가 많다는 것, 이것은 필자의 경우가 가장 좋은 예라고 생각 된다.

73킬로에서 58킬로로 체중이 가벼워졌고, 그뒤 10년 이상, 오늘에 이르기까지 그 몸무게를 유지하고 있다. '옴 진동수'를 마시면 전혀 공복감을 느끼지 않고, 하루에 한끼만 먹고도 전혀 피곤함을 느끼지 않고 일 할 수가 있는 것이다. 알콜 중독자들은 중독증상이 심한 사람일수록, 술을 전혀 마실 수 없는 체질로 바뀌는 것이다[반대로 술이 굉장히 약했던 사람은 일시적으로 술이 강해지는 경향이 있는 것도 사실이다].

간장에 이상이 있는 사람들은 온 몸에 붉은 반점이 돋아나게 마련인데, 이와 같은 현상은 결코 오래 계속되지 않을 뿐더러, 반점이 사라진 뒤에 병원에서 검사를 받게 했던바, 거의 한 사람도 예외없이 병이 회복되어 있었다.

중증인 간경화증으로 복수(腹水)가 차서 병원에서는 회복이 불가능하다는 선고를 받고 20일 안에 틀림없이 죽으리라고 했던 환자가 열심히 '옴 진동수'를 마신 결과, 만 두달만에 완전히 정상인이 된 예도 있다. 많지는 않지만, 간암이 좋아진 예도 있고, 중증인 백혈병을 완치시킨 예도 있다.

자궁암·위암·뇌암 그밖의 온갖 암에 대하여, 수술을 하지 않는 상태에서 아주 늦지만 않았다면 좋은 결과를 얻을 수 있는 게 아닌가 한다. 또한 최악의 경우에도 암 말기 환자의 경우, '옴 진동수'를 복용시키고, 옴 진동시술을 하면 고통을 덜어주어 이른바 안락사를 한 경우는 꽤 많은 것으로 알고 있다.

위장계통이 좋지 안은 사람들이, '온 진동수'를 마시게 되면 완치될 사람은 반드시 설사가 일어나게 마련이며 [이와 같은 경우에도 놀라지 말고 계속 '옴 진동수'를 복용하면 결코 탈수현상은 일어나지 않게 마련이다]. 빠르면 2~3일, 길어도 1주일 가량 지나면 설사는 자연스럽게 멎게 되고, 그렇게도 고질이었던 위장병은 완전히 좋아지게 마련이다.

또한 완고한 신경통·류머티즘 관절염을 앓고 있는 사람들은 [편두통도 같다] 반드시 짧으면 2~3일, 길면 약 1주일에 걸쳐서 일시적으로 병세가 악화되게 마련이어서 굉장한 고통을 받게 되지만, 이 기간만 무사히 통과하면 거짓말처럼 병은 완쾌되는 것이다. 또한 사람들에 따라서는 '옴 진동수' 복용 중, 몸에서 굉장한 악취가 나는 사람들도 있다[중풍·뇌성마비·소아결핵 환자는 거의 모두가 이 예에 해당되는듯 하다].

신경이 마비된 환자도 통증을 느끼게 되면, 머지않아 마비는 풀리게 마련이다. 여기에서 소개된 여러가지 예를 종합하여 볼 때, '옴 진동수'는 몸 안에 축적된 온갖 유독물질과 유독개스를 가장 효과적으로 몸 바깥으로 배설해주는 작용을 하는것이 아닌가 생각된다.

체액이 완전히 깨끗해져서 체질(體質)이 개선되면, 온갖 질병은 누구나 지니고 있는 자연치유 능력에 의하여 완쾌되게 마련이다.

육체와 상념을 맑게 해주는 '옴 진동수'의 원리

그런데 여기에 더욱 놀랄만한 일이 있는 것이다. '옴 진동수'를 장기간에 걸쳐 일정한 분량을 마시고 있으면 그 사람의 성격과 상념 자체에 커다란 변화가 일어난다는 사실이다.

편협했던 사람은 마음이 너그러워지고, 어리석었던 어린이가 똑똑해지고, 뇌성마비[결핵성 뇌막염을 앓은 뒤]로 말도 하지 못하고 걷는 것도 불가능했던 아이가 병을 앓기 전 처럼 똑똑해지고 아무런 부자유없이 걷게 된 예도 있다.

시각신경마비[고혈압으로 뇌출혈을 한 때문이었다]였던 중년의 환자가 갑자기 눈이 보이게 되었을 때는, 필자도 소스라치게 놀랐던 것이었다.

여기에서 특기할 것은, 호색한으로서 외입장이였던 사람들이 어느날 갑자기 그 비정상에 가까웠던 강한 성욕이 갑자기 단백해져서 자기 아내 이외의 여성에게 그다지 관심을 갖지 않게 된 예가 많다는 사실이다. 이것은 정말 놀랄만한 현상이라고 생각한다. 다만, 이 경우에도 성욕이 단백해졌을 뿐이지, 성교 능력은 오히려 좋아져서 긴 시간을 즐길 수가 있게 되었음을 알려주는 바다.

이러한 여러 가지 실험 임상예로 볼 때, '옴 진동수'의 복용은 몸에 해로운 일체의 식품에 대하여 알레르기 성 체질로 바꾸어 줄 뿐만 아니라, 심령적으로 좋지 않은 일에 대해서도 거부반응을 일으키게 하는 체질로 바꾸어 놓는것이 확실하다고 생각된다.

바로 이혼하기 직전이었던 어떤 부부가 약 100일 동안 '옴 진동수'를 마신 뒤에는 완전히 인격들이 바뀌어서 지금은 아주 의좋은 부부로 변신하게 된 예도 많다.

이것은 몸 안을 흐르는 채액이 똑같은 '옴' 진동에 동조(同調)된 결과, 마음이 같은 파장을 갖게 된 때문이 아닌가 한다.

지금 필자가 살고 있는 한국과 일본·미국·중동지방[주 : 중동지방에서 일하고 있는 한국인의 경우를 말함] 그밖의 나라에서는 약 5만세대 가까운 사람들이 '옴 진동수' 복용 가족이 되어 있는 셈인데, 이 결과 필자는 날로 젊어지고 있고, 60세가 넘었는 데도 40대의 모습과 30대의 체력을 지니게 되었고, 한편 '옴' 진동음을 내는 영능력도 또는 초능력도 한층 강력해지고 있음을 느끼고 있다. 또한 이것은 필자에게만 일어나고 있는 현상은 아닌 것이며, 열렬한 '옴 진동수' 복용 가족에게는 모두 같은 현상이 일어나고 있다.

똑같은 '옴 진동수'를 마시는 것으로서 영적으로, 우주의식에 동조되므로서 일어나는 현상인 것이다.

체질(體質)이 정상화 되면 성격도 정상인이 된다는 수 많은 예를 관찰해 볼 때, 인간의 마음이 몸에게 영향을 끼치듯이 몸도 마음에 커다란 영향을 줄 수 있음을 알 수 있다.

이것은 바로 육체를 깨끗이 하면 상념도 깨끗해진다는 뜻이 아닐까?

당뇨병[이 병이 가장 좋은 효과를 얻는 것 같다]·고혈압·저혈압·재생불능성빈혈·백혈병 각종의 암·자율신경실조증·중풍·통풍·완고한 견비통·각종 신경통 그 밖의 여러 가지 종류의 마비성 환자가 완쾌된 예, 노이로제 환자를 비롯한 완고한 정신분열증·자폐증(自閉症) [이 병은 대부분의 경우, 빙의령(憑依靈)에 의한 질병이기 때문에 '옴 진동수'를 마시는 것만으로는 미흡하며, '움진동'시술, 그밖에 필자로부터 직접 제령시술(除靈施術)을 받을 필요가 있다고 생각된다. 물론 '옴진동수' 복용과 진동시술을 스스로 100일 동안 계속한 뒤의 이야기이다]. 이 완쾌된 예는 헤아리기 어려울 정도로 많다.

현대 의학이 수많은 질병을 완치시킬 수 있는 것은 거짓없는 사실이지만 환자의 그때까지 정상이 아니었던 성격을 몰라보게 개조시켰다든가, 저능아를 어느 정도 정상인이 되게 하였다든가 하는 이야기는 아직 들어보지 못했다.

필자는 이상에서 말해 온 것과 같은 뚜렷한 결과를 직접 스스로의 눈으로 확인을 하고, 우리들 인류에게는 분명히 밝은 미래가 있음을 굳게 믿게 된 것이며, 과거 수천년에 걸친, 수 많은 종교인들의 끝없는 노력에도 불구하고, 또한 오늘날 넓게 교육이 보급되었음에도 불구하고, 오늘날에 이르기까지 해결되지 못했던 인간의 정신과 육체를 완성시킨다는 매우 어려운 문제가 해결될 가능성이 있다고 굳게 믿게 되었다. 특히 '옴 진동수'는 '옴' 진동 테이프에 의해 만들 수가 있다는 것이 이미 증명 된 것이며, 또한 공장에서 대량으로 생산하는 방법도 이미 연구되었다. 이제는 공장에서의 대량생산도 가능하지 않은가 필자는 생각한다.

또한 이것은 또다른 이야기지만, 공장에서의 '옴 진동수' 제조 과정에는 특수한 과정이 있는 셈인데, 그 이론과 실제는 이미 확인되었으나, 여기에서는 구체적으로 밝힐수 없음은 매우 유감스럽게 생각한다. 왜냐하면, 필자는 가까운 장래에 특허를 신청

할 계획이고 공지사항은 특허의 대상에서 제외되기 때문에 여기서는 밝힐 수 없기 때문이다.

어쨌든, 4차원적인 힘, 즉 영적인 힘을 현대의 공업 기술로 활용할 수 있다는 것은 바로 하늘이 내려준 복음인 것이며, 실로 놀랄만한 일이 아닌가 생각 된다.

필자가 한국 안에 있는 모 음파연구소에서 시험한 바에 의하면, 보통 사람들이 이야기할 때의 음파는 대체로 4.5전후인데 비해 '옴 진동음'은 12.5라는 데이타가 나왔고, 오시로그라프라는 기계를 써서 측정한 바에 의하면 '옴 진동'은 800싸이클, 3000싸이클, 8000싸이클, 그밖의 측정이 불가능한 X싸이클, 이 네가지 파장으로 이루어져 있는 것이 밝혀졌다.

이 실험을 맡아주신 분은 음파 연구를 위해 미국까지 유학간 분이기 때문에 그의 말을 믿을 수 밖에 달리 설명할 수 없다고 보는데, 권총의 발사음 까지도 완전히 흡수되도록 특수장치가 되어있는 방 안에서도, '옴 진동음'은 전혀 소리가 흡수되지 않고 보통 환경 조건에서 내는 것과 똑같은 강력한 진동음을 낸다는 것을 직접 확인한 뒤에, 혹시 어쩌면 '옴 진동음' 속에는 보통 사람 귀로는 전혀 들을 수 없는 무엇인가 4차원적인 영적인[일종의 초음파] 것이 포함되어 있는것이 아닐까 생각 되었다.

'옴 진동수'는 앞에서도 이야기한 것처럼, 어른의 경우에 대체로 하루 평균 1.8 l 정도의 '옴 진동수'를 열번 정도 나누어 마실 것을 권유한다. 한꺼번에 1.8 l 를 마신다는 것은, 굉장히 위험하다는 것[폐속에 물이 고여서 수술로서 간신히 목숨을 건진 예도 있다]. 특히 신장염을 앓고 있는 사람은 소량의 '옴 진동수'를 하루에 20회 이상 나누어서 마실 것을 권유한다.

또한 '옴 진동수'를 아무래도 마실 수 없는 사람은 진한 보리차를 만들어 식힌 후 '옴 진동수'와 혼합한 다음, 다시 한번 '옴진동'을 쪼여서 마시면 좋을 것이다.

어린이의 경우에는, 15세 이하는 대체로 어른들의 3분의 2, 10세 이하는 어른의 반 이하가 좋을 것이다.

그런데 '옴 진동수'를 마시기 시작하면 앞서 이야기한 것처럼 방구가 자주 나온다든가, 졸려서 못견디게 된다든가, 몸에서 이상스러운 악취가 나온다든가 그밖에도 여러 가지 증상이 재발하게 되어 그때문에 놀라서 '옴 진동수'의 복용을 중단하게 되는 예도 많은 편이다.

이런 증상이 일어나는 까닭은 아직도 질병의 뿌리가 완전히 제거되지 않았던 것이 〈옴 진동수〉 복용에 의하여 표면에 나타난 때문이라고 할 수 있다. 참고 계속하여 '옴 진동수'를 마시고 있노라면 어느덧 몸은 정상으로 돌아가게 된다.

망령이 빙의되었던 사람으로 한번 발병하여 정신병원에서 장기간 치료를 받고 표면상 병이 완쾌되었던 사람이 '옴 진동수'를 마시기 시작하자 갑자기 병이 악화되어 '옴 진동수'에는 마귀가 붙어 있다고 큰 소동을 일으킨 예도 있다.

이것은 환자의 몸에 붙어 있는 망령이 괴로워져 어떻게 해서든 '옴 진동수'를 마시지 않게 하려고 발작하는 현상이라고 할 수가 있다. 이러한 때, 중단시키면 제령(除靈)은 영원히 불가능해지고 마는 것임을 알아야 한다.

환자 자신은 여러 가지 증상 때문에 괴로움을 호소하지만, 얼굴빛도 좋아지고 기운이 난듯한 모습이 보이면, '옴 진동수'가 정상으로 몸 속에서 작용하기 시작했다고 보아도 좋다.

한편, '옴 진동수'의 장기복용과 준회원이 된 분들에게 보내주는 엑쓰터라·스피커에 의한 옴 진동 치료를 한다면, 대부분의 중병은 100일에서 150일 사이에 좋아지게 된다.

간질병 환자의 경우는 발작이 좀 더 자주 일어나게 되는데 그 발작시간이 점점 짧아지게 되면 완쾌될 가능성이 있다고 보아도 된다.

각종의 뇌성마비와 중풍을 맞아서 반신불수라든가 온몸이 마비가 된 사람들은 거의 예외없이 심한 변비가 있게 마련인데, 우선 '옴 진동수' 복용과 더불어 변비가 없어지면 장(腸)의 신경이 되살아나게 된 증거이므로 오래지 않아서 마비가 풀릴 좋은 증조라고 볼 수 있다. 다음에는 온 몸에 가려운 증상이 나오게 되기가 쉽다. 이럴 때는 목욕물을 따뜻하게 덥혀서 '움진동'을 쪼인 뒤에 목욕을 해주기 바란다. 그러면 가려운 증세는 없어지게 된다. 온 몸의 마비가 풀리기 전에 피부의 감각이 먼저 살아나야만 하고, 이때 필연적으로 일어나는 것이 가려운 증상이니 안심하시기 바란다.

'옴 진동'을 쪼인 따뜻한 물로 목욕을 하면, 피부의 땀구멍을 통해 그때까지 몸 안에 고였던 나쁜 개스가 몸 밖으로 나오게 되니 좋은 일이 아닐 수 없다.

한편 사람에 따라서는 마치 시체에서 나오는 것과 같은 고약한 냄새가 며칠이고 계속해서 나오는 수가 있는데, 이것은 빙의되었던 망령이 자연 이탈할 때 일어나는 현상이다.

어쨌든 지금까지 20여년 동안, 몇만명에 이르는 많은 중병환자들을 취급한 임상경험에 의하면 '옴 진동수' 복용에서 가장 좋은 효과를 얻은 것은 첫째가 당뇨병·폐결핵·각종의 위장병·신경통·두통·변비 등이었다.

당뇨병의 경우 예를 들면 27년 동안이나 앓아온 중증의 74세 된 여의사[주 : 이 분은 어렸을 때 필자의 담당의사이었던 분이었다]

님이 150일 복용으로 완치되어 현역에 복귀하여 건강하게 일하게 된 극단적인 예도 있었다[본인의 명예를 위하여 여기서 그 본명을 밝힐 수는 없으나 그 이름을 대면 서울태생이면 누구나 아는 유명한 여의사로서 우리나라 초창기에 의학을 전공한 몇분 안되는 여의사 가운데 한분이시다. 이것은 몇년 전 일이었으니까, 지금은 90세도 넘었으리라고 생각 된다.]

재생불능성빈혈이라든가, 백혈병 같은 난치병도 기적적으로 완쾌된 일이 있으며, 암도 수술을 받지 않은 경우 비교적 중증환자의 경우에도 완쾌된 예가 많음을 알려드리는 바다.

특히 위암이라든가 자궁암의 경우는 비교적 어렵지가 않은 것이다. 간장암도 복수가 빠지지 않고 중태였던 환자가 '옴 진동수' 복용과 스피커를 이용한 '옴진동' 치료를 받으므로서 완쾌되어 그뒤 2년 동안 자주 해외여행을 하고 건강하게 사회활동을 했었는데, 너무나 바빴기에 '옴 진동수'를 마시는 것을 그만둔지 6개월 후에 다시 병이 재발하게 된 예도 있다. 이러한 예를 보면, 암 환자를 비롯한 이른바 난치병 환자로서 '옴 진동수' 복용에 의해 건강해진 사람은 일생 동안, '옴 진동수'를 마셔야 한다고 생각한다.

왜냐하면 난치병에 걸리기 쉬운 체질을 갖고 있으면서 잘못된 식생활과 나쁜 습관을 고치지 않은채 '옴 진동수'의 복용을 중단하면 다시 본래의 체질로 되돌아 가기 때문이다.

'옴 진동수' 장기복용에 의해 육체와 유체 · 영체 · 상념체의 정화를 꾀함과 동시에 의식혁명이 가능하다

'옴 진동수'를 오랜 기간에 걸쳐 열심히 마시게 되면, 육체 · 유체 · 영체가 정화(淨化)되어 발달되게 되고, 그 결과로서 상념체(想念體) [이른바 마음의 본체]도 정화되게 되어서, 어느덧 자기도 모르는 사이에 우주의식과 동조될 수 있게 되는 것이다.

그 가장 가까운 예가 필요의 경우이다. 우주의식이 콤퓨터의 정보 뱅크라고 한다면, 필자는 그 단말기에 해당되는 존재라고 생각한다.

필자가 스스로의 마음에 질문을 던지면 거의 순간적으로 그에 대한 정확한 대답이 돌아오게 되기 때문이다. 필자의 경우는 생각할 필요가 없을 뿐더러, 오히려 생각을 집중하게 되면 보통 인간으로 되돌아오고 말기 때문에 곤란한 일이었다.

지금까지 전혀 모르고 있던 비전문 분야에 대해서도 거의 순간적으로 필자는 정확한 대답을 얻게 되곤 한다. 이것은 굉장하게 편리한 일이라고 생각된다.

책을 쓰는 경우만 해도 그렇다. 우선 가까운 예로서 지금, 필자가 쓰고 있는 〈행복의 발상〉도 [주 : 이책은 원래 일본어로 쓰여진 것이었음을 밝혀둔다] 4월 1일 아침, 우주의식과 동조한 순간, 목차가 저절로 쓰여졌던 것이며, 불과 13일 동안에 200자 원고지로 500매를 써 넘긴 것이었다.

책상에 앉으면 누군가가 머리 속에서 읽어주는 것처럼 글이 떠오르는 것이다. 그 떠오른 글을 손으로 옮겨 쓸 뿐이다.

때로는 붓끝이 따라가기가 어려울 지경이다. 우주의식과 언제든지 동조할 수가 있게 되면, 멀리 떨어져 있는 사람들의 정신상태 또는 육체 상태에 대해서도 정확하게 알 수 있게 되어 그것을 전화로서 확인할 수가 있는 것이다.

바로 거대한 자가용, 콤퓨터를 갖고 있는 것과 같으며, 어떤 의미에서는 전혀 비용이 들지 않는 사설방송국 또는 무전국을 갖고 있는 것과 다름이 없었다. 필자는 본래 이러한 초능력이 없었던 사람이었다.

어느 의미에서는 굉장히 편리하기도 하지만, 어느 의미에서는 24시간에 걸쳐 하느님으로부터 감시를 받고 있는 것 같아서 절대로 나쁜 짓은 할 수가 없는 것이다.

좋은 면도 있지만, 개인의 프라이버시라는 면에서는 약간의 문제가 있는 것도 사실이다. 그러나 하느님으로부터 보호를 받고 있다는 느낌은 굉장히 행복한 것도 사실이다.

필자 자신이 우주의 법칙을 어기는 행동을 하지 않는 한, 남에게 좋은 일을 하는 한, 절대로 나쁜 일은 일어날 수 없다는 느낌이다.

분명히 '옴 진동수'를 장기간 마시게 되면 육체의 회로(回路)가 옳게 조정되어 우선 건강해지게 되고, 그 다음에는 유체·영체·상념체가 굉장히 발달되는 것이 분명하다.

요가, 철학책을 보면, 유체가 발달하기 시작할 때, 중년 남자의 경우에는 정액(精液)이 나오지 않게 되어 성욕으로부터 해방이 되고 어린이와 같은 체질로 변하게 된다고 쓰여 있는데, 바로 그와 같은 현상이 필자의 몸에 일어난 것이었다.

어린이는 병은 앓지만 이른바 노화현상은 없다고 한다. 인간은 누구나 생식능력이 생김과 동시에 노화도 시작 된다고 한다.

이것은 곧 자손을 만들 수 있는 생식작용이 시작됨과 동시에 개체인 육체는 늙기 시작한다는 이론이다. 그러기에 인간이 언제까지나 젊음을 유지하려고 한다면 생식능력이 발휘되기 전의 육체적 상태로 고정시키면 된다는 의학적인 이론도 있다는 이야기이다.

필자의 경우는 쉰살이 되던 해부터 갑자기 정액이 전혀 나오지 않게 됨과 동시에 성욕이 거의 없어진 것이었다. 그러나 성교능력이 없어진 것은 아니다. 오히려 성교 지속능력은 조루증 증세가 심했던 젊었던 시절에 비하면 비교가 되지 않을만큼 좋아진 셈이었다.

간단하게 말해서 자유자재의 경지에 들어간 것이라고 할 수 있다. 그러나 성욕은 거의 없어졌기 때문에 마음은 언제나 편안해졌고 초조한 기분이 된다든가 화를 낸다든가 하는 감정이 거의 자취를 감추게 된 것이었다.

몇번이나 쓴 일이지만, 필자는 중년에 이르기까지 너무나도 왕성한 성욕 때문에 상당히 괴로움을 겪곤 했던게 사실이었다. 그 때문에 강한 성죄악감을 갖게 되었고, 언제나 이런 자기자신이 싫었던 것이었다.

성욕으로부터 해방된다는 것은 정말 좋은 일이라고 생각한다. 그러나 성교능력은 그전과는 비교가 되지 않을 만큼 좋아졌으니 이 이상 좋은 일이 더 어디 있겠는가?

마음이 항상 평화스럽고 사랑에 가득차 있기 위해서는 우선 격렬한 성욕으로부터 해방이 될 필요가 있다고 필자는 믿고 있다.

'바구안슈리·라지니시'가 주장하고 있는 성초월(性超越)의 경지를 가리키는 것이다.

'옴 진동수'의 장기간에 걸친 복용에 의하여 육체·유체가 정화됨과 동시에 의식혁명이 가능하다는 것은 정말 대단한 일이라고 생각한다.

모든 사람들이 우주의식과 인류애에 눈을 뜬다면 지상낙원의 건설이 절대로 가능해지기 때문이다.

4. 2억년의 진화를 가능하게 하는 방법

인류 과학을 연구하고 있는 학자들의 의견에 의하면, 지금의 인류는 진화가 정지된 종족이라고 한다. 아니 생물로서 진화되는 과정이 멎었을 뿐만 아니라 반대로 퇴행하고 있다는 이야기이다. 세계적으로 많은 미숙아·기형아·뇌성마비에 걸린 어린이의 출산이 그 좋은 예라고 했다.

이것이 사실이라면 정말 큰 일이 아닐 수 없다. 우리네 인류가 멸망을 향해 달려가고 있음이 분명해지기 때문이다. 그러나, 필자 자신은 이와 같은 주장의 인류학자들과는 오히려 반대의 생각을 갖고 있다.

오히려 이제부터 우리네 인류는 '별개의 것'으로서, 이른바 집단의식 생명체로서, 지금까지의 인류와는 종류가 다른 초인으로서의 새로운 길이 열려져 있다고 믿기 때문이다.

생물학자들의 생각에 의하면, 지금의 인류가 자연 그대로의 상태에서 보다 지능이 높은 생물로 진화되기 위해서는 지정학적(地政學的)으로 적어도 2억년의 세월이 필요하다고 한다. 그런데 우리네 인류에게 주어진 시간은 2억년은 커녕, 앞으로 100

년도 없다고 한다.

　인류는 하나의 생물로서 근본적으로 그 사고방식을 고치지 않고 지금 형태의 문명을 유지하는 한, 20세기를 넘기기 어렵다는 것이 대부분의 학자들의 공통된 생각이 아닌가 한다.

　필자도 동감이다. 한편 아직 일반인들은 잘 모르는 이야기지만, 시간이란 중력장(重力場)과 깊은 관계가 있는 것이며, 지구 위에서의 시간의 경과와 다른 별, 도는 우주공간에 있어서의 시간의 경과는 결코 동일한 것이 아니라고 한다. '옴 진동수'를 장기간 복용하게 되면, 그 사람의 육체를 지배하는 시간의 단위가 달라지게 되는 것이다. 몸의 오염이 제거됨으로서 육체는 몇년 전, 심한 경우에는 10년 이상 전의 육체의 상태로 되돌아가게 하는 것이 가능한 것이라고 생각한다. '옴 진동수' 장기복용에 위하여 뇌의 구피질이 무서운 속도로 진화되는 것이다. 대체로 2년동안 마시면, 객관적으로 본 2억년에 가까운 진화가 가능하지 않는가 한다.

편저자의 말

이 책은 일본의 유명한 〈요가〉 연구가이고 영능력자인 모도야마 히로시(本山博)씨가 쓴 《영능력의 비법》을 번역하고 내 자신이 발견한 영능력 개발법을 추가로 써 넣은 책이다.

내가 영사(靈査)한 바에 의하면 모도야마씨는 복합명령으로서 인도의 요가 행자(行者)였던 '라히리・마하사야'의 분령(分靈)을 지니고 있는 분이어서 나와 같은 입장에 놓여 있는 분이라고 생각이 된다. 왜냐하면 나도 나를 구성하는 복합령의 한 분으로서 〈라히리・마하사야〉의 분명의 분령이 들어 있기 때문이다.

모도야마씨는 전통적인 〈요가〉를 수행한 분이어서 그가 주장하는 영능력 개발법은 〈요가〉에서 주장하는 것과 같음을 알 수가 있다.

나의 방법은 이와는 달리 독자적으로 개발한 영능력 개발법이고, 어느 의미에서 모도야마씨가 주장하는 방법보다는 좀 더 진보된 방법이라고 생각한다.

태양을 보아서 〈제3의 눈〉을 개발하는 방법은 본인 혼자의 행동으로만 터득할 수 있는 것이고, 자수정을 박은 악세사리는 나의 연구원에서 개발하여 보급하고 있는데, 〈옴 진동수〉역시 회원제(會員制)로서 현재 보급 중임을 알려드린다.

세계적인 심령연구가 지자경/차길진 법사와 안동민선생이
밝히는 영혼과 4차원세계의 전모!

이 책을 펼치는 순간부터 당신의 운명이 바뀐다!!

사랑하는 가족이나 친지에게 드리는 최고의 선물

세계적인 심령연구가   지자경 · 차길진 · 안동민 편저

나의 전생은 누구이며 사후에는 무엇으로 환생할 것인가?

➡ 버지니아공대 조승희 총기사건은 가정교육과 학교에서의 인성교육 부재가 불러온 총체적 비극이다!

➡ 바로 이 책은 자녀들의 정신건강을 위해 부모가 꼭 읽어야 할 필독서다!

<업> 전9권
1권 전생인연의 비밀   2권 사후세계의 비밀
3권 심령치료의 기적   4권 내가 본 저승세계
5권 영계에서 온 편지   6권 영혼의 목소리
7권 전생이야기   8권 빙의령이야기
9권 살아있는 조상령들

서음미디어 02-2253-5292

밤의 세상

밤의 세계에 뿔이 되고자 했던 사나이들이 이리와 뱄신!!

밤이 온다 그들이 온다

3대 패밀리

① 1부 전3권 ② 2부 전3권

바로 이 책속에 주먹세계의 커네셔이 있다!!

이 책은 한국 주먹세계의 마지막 계보였던 3대 패밀리와 야인시대에 등장했던 2세대 낭만파 주먹들이 뽑아냈던 광기의 비하인드 실화소설이다.
값 각권 8,500원

이기호 신평 ● 실화소설

16년간 검사생활과 형사사건 전문변호사의 경험에 근거하여 자신있게 제시하는 석방의 조건!

이렇게 하면 빨리 석방된다

형사사건으로 수사를 받고 있는 피의자와 재판을 받고 있는 피고인이 반드시 읽어야 할 지침서!

저자약력

김 주 덕 /저

법무법인 태일 대표변호사
대전지검 특별수사부장검사
서울 서부지방검찰청 형사제3부장검사
서울지검 총무부장검사
서울지검 공판부장검사
대검찰청 환경과장
경희대 법과대학 교수

● 주요목차 ●

- 수사받을 때는 이렇게 하라
- 이렇게 하면 구속되지 않는다
- 재판받는 요령을 배워라
- 보석/구속적부심/집행유예로 나가는 법
- 특별수사에서 살아남기
- 교도소에서 살아남기
- 유능한 변호사와 무능한 변호사

특별수록 : 형사사건 관련 서식

우리시대의 知性 김주덕 변호사가
전격 공개하는 형사사건 25쪽!

신국판 · 값 13,900원 전국 유명서점 공급중

서음미디어 (02)2253-5292

베일속에 가려진 사형장의 전모가 전격공개!
원색화보 특별수록

마지막 가는 길목에서 그들은 하늘을 보고 땅을 본다.
세상을 경이와 공포의 도가니 속으로 몰아 넣었던
신문 제3면의 히로인들 - 말만 들어도 무시무시한 흉악범들,
그들에게도 눈물이 있었고 가슴저미는 통회가 있었다.
주어진 생을 채 마치지도 못하고 떠나야 했던
8인의 사형수 - 그들의 최후가 공개!

서음미디어 02-2253-5292

역자 약력

서울에서 출생하여 서울대 문리대 국문과 졸업.
1951년 경향신문 신춘문예에 「聖火」가 당선되어 문단에 데뷔.
그 후 일본에 진출하여 「심령치료」「심령진단」「심령문답」등을
저술하여 일본의 심령과학 전문 출판사인 대륙서방에서
간행하여 큰 호응을 얻었으며, 다년간 심령학을 연구함.
그 후 「업」「업장소멸」「영혼과 전생이야기」「인과응보」
「초능력과 영능력개발법」「사후의 세계」「심령의 세계」등
심령과학시리즈 30여종 저술(서음미디어 간행)

중판발행 : 2018년 10월 15일

발행처 : 서음미디어
등 록 : No 7-0851호
서울시 동대문구 난계로28길 69-4
Tel (02) 2253-5292
Fax (02) 2253-5295

저자 | 모도야마 히로시
편저 | 안 동 민
기획/편집 | 이 광 희
발행인 | 이 관 희
본문편집 | 은종기획
표지 일러스트
Juya printing & Design

ISBN 978-89-91896-35-2

*이 책은 저작권법에 의해 보호를 받는 저작물이므로
무단 전제나 복제를 금합니다.